20MW 及以下分布式光伏集群项目接网工程

典型设计

国网河南省电力公司经济技术研究院　组编

陈　晨　齐桓若　主编

中国电力出版社
CHINA ELECTRIC POWER PRESS

图书在版编目（CIP）数据

20MW 及以下分布式光伏集群项目接网工程典型设计 /
国网河南省电力公司经济技术研究院组编；陈晨，齐桓
若主编. -- 北京 ：中国电力出版社，2025. 7. -- ISBN
978-7-5239-0013-0

Ⅰ . TM615

中国国家版本馆 CIP 数据核字第 20252GE201 号

出版发行：中国电力出版社		印 刷：三河市航远印刷有限公司
地　　址：北京市东城区北京站西街 19 号		版 次：2025 年 7 月第一版
邮政编码：100005		印 次：2025 年 7 月北京第一次印刷
网　　址：http://www.cepp.sgcc.com.cn		开 本：880 毫米×1230 毫米　横 16 开本
责任编辑：罗　艳（010-63412315）　高　芬		印 张：9.75
责任校对：黄　蓓　常燕昆		字 数：345 千字
装帧设计：张俊霞		印 数：0001—1000 册
责任印制：石　雷		定 价：78.00 元

《20MW 及以下分布式光伏集群项目接网工程典型设计》
编 委 会

主　任　张永斌　胡玉生

副主任　李　尊　田春筝　王　松

委　员　吴　豫　刘　强　郭　飞　董　智　张　亮　苗福丰　殷　毅　周　正　董平先　郭建宇　刘　洋　王　洋

《20MW 及以下分布式光伏集群项目接网工程典型设计》
编 写 成 员 名 单

主　　编　陈　晨　齐桓若

副 主 编　郭　放　郭夫然

编写人员　赵　冲　闫向阳　白萍萍　宋景博　康祎龙　张威振　薛文杰　宋晓帆　宋文卓　张金凤　姚　晗

　　　　　王　卿　韩慧娜　翟孟琪　牛　凯　徐尉豪　翟育新　汪　赟　黄　茹　李　铮　李　凯　习　旭

　　　　　王顺然　郝　健　姚若夫　郭　伟　魏荣生　闫　珺　许　宁　乔　恺　董立淑　周长健　王　涛

　　　　　王清水

前　言

　　大力发展分布式光伏发电，加快建设新型电力系统，是构建绿色能源体系、推动"双碳"目标落地的关键举措。近年来，随着"整县屋顶分布式光伏开发""'光伏＋'综合利用""千家万户沐光行动"等以大规模分布式光伏灵活接入和就近消纳为导向的新政策不断提出，河南分布式光伏发展迅猛，规模化开发及规模化并网的新态势给电网带来了新的挑战。为深入贯彻河南省《关于促进分布式光伏发电健康可持续发展的通知》（豫发改新能源〔2023〕545号），促进分布式光伏与电网发展的和谐统一，使规模化并网分布式光伏接网设计满足电网安全稳定运行要求、适应新型电力系统发展需求，进一步提升分布式光伏电源并网的规范化、标准化水平，国网河南省电力公司经济技术研究院开展本书的编制工作，为20MW及以下分布式光伏集群项目接网工程的设计与施工提供依据。

　　《20MW及以下分布式光伏集群项目接网工程典型设计》以提升分布式光伏与电网的互适性为出发点，遵循"安全可靠、技术先进、投资合理、标准统一、运行高效"的总体设计原则，力求典型设计方案既具有普遍性、可扩展性、易操作性，又具有经济性。本书按照安全性、灵活性、经济性原则，依据接入电压等级（0.4、10、35kV）、运营模式（全额上网和余电上网）不同，提出7种典型设计方案。本书所述的典型设计内容包括7种典型设计方案的系统一次设计、系统继电保护及安全自动装置、系统调度自动化、系统通信、计量等相关方案设计。

　　本书在编制过程中得到了国网河南省电力公司相关部门的大力支持，在此谨表感谢。

　　由于编者水平有限，书中难免存在不足之处，敬请广大读者给予指正。

编　者

2025年4月

目　　录

第1章 概　　述

1.1　工作目的和意义

分布式光伏，是指接入 35kV 及以下电压等级，位于用户附近且就近消纳的光伏发电设施。分布式光伏集群，是区别于传统利用自有屋顶或土地进行的零星、分散的分布式光伏开发模式，在一定区域和时间范围内，整合资源进行分布式光伏规模化开发的行为。

大力发展分布式光伏发电，加快建设新型电力系统，是构建绿色能源体系、推动"双碳"目标落地的关键举措。近年来，随着"整县屋顶分布式光伏开发""'光伏＋'综合利用""千家万户沐光行动"等以大规模分布式光伏灵活接入和就近消纳为导向的新政策不断提出，河南分布式光伏发展迅猛，规模化开发及规模化并网的新态势给电网带来了新的挑战。

为深入贯彻河南省《关于促进分布式光伏发电健康可持续发展的通知》（豫发改新能源〔2023〕545 号），促进分布式光伏与电网发展的和谐统一，使规模化并网分布式光伏接网设计满足电网安全稳定运行要求、适应新型电力系统发展需求，进一步提升分布式光伏电源并网的规范化、标准化水平，国网河南省电力公司经济技术研究院开展本书的编制工作，为 20MW 及以下分布式光伏集群项目接网工程的设计与施工提供依据。

1.2　总 体 原 则

通过吸收分布式光伏接网设计领域的最新科研成果，作者结合国内近年来分布式光伏并网的问题及经验，按照"安全可靠、技术先进、投资合理、标准统一、运行高效"的总体设计原则，编写本书，力求做到分布式光伏接网设计统筹性、安全性、经济性、先进性、适应性的协调统一，其中几个关键原则阐述如下：

（1）统筹性：为促进网源协同发展，鼓励光伏开发企业依据分布式光伏承载力评估结论，在分布式光伏开发红色、黄色区域采取整体规划、统筹开发模式。分布式光伏规模化开发应统筹可整片、连片开发的分布式资源，避免化整为零、随意拆分，结合分布式资源整体规模、资源密集度、电网承载力等实际情况，灵活采取集中汇集、汇集升压、升压汇集、多层汇集升压的汇集接入模式，接入相应电压等级电网。集中汇集，即分布式光伏经逆变器或汇集箱汇集接入的并网方式；汇集升压，即分布式光伏经汇集箱汇集后由升压变压器升压后接入的并网方式；升压汇集，即对于规模相对较大的项目，鉴于低压汇集损耗大且经济性不佳，采用就地升压后经汇集箱汇集接入的并网方式；多层汇集升压，即对于规模大、占地广的项目，经技术经济比较可采用多次升压汇集接入的并网方式。

（2）安全性：保证电网安全稳定运行，设备及系统的安全可靠。

（3）经济性：按照各方利益最大化原则，追求规模化开发分布式光伏与电网建设和谐统一，实现共赢。

（4）先进性：设备选型合理，优化各项技术经济指标，主要经济技术指标应达到国内同类工程的先进水平。

（5）适应性：综合考虑实际情况，本书所述方案在一定时间内，对不同规模、不同形式、不同外部条件均能适应。

1.3　设计范围及方案划分

本书所述的典型设计方案适用于 20MW 及以下的分布式光伏集群项目，根据规模化开发容量，宜采用单点接入和汇集接入两种方式接入电网，超过 20MW 的视同集中式新能源汇集接入。

制订分布式光伏规模化开发接入方案，应立足周边电网情况，科学开展电网承载力评估，确保满足电网安全稳定运行及分布式光伏消纳需求，避免向 220kV 及以上电网反送电。当接入容量超出电网承载力等约束条件时，应提高电压等级或采取储能配置等措施解决消纳问题。

按照安全性、灵活性、经济性原则，依据接入电压等级（0.4、10、35kV）、运营模式（全额上网和余电上网）不同，分为 7 种典型设计方案，本书所述的典型设计内容包括 7 种典型设计方案的系统一次设计、系统继电保护及安全自动装置、系统调度自动化、系统通信、计量等相关方案设计。

第2章 设 计 依 据

本书所述及的典型设计方案依据国家电网公司发布的分布式电源接入配电网相关技术规定和分布式光伏发电接入配电网相关技术规定及以下国家标准、行业标准、企业标准。凡是不注日期的引用标准，其最新版本（包括所有修改单）适用于本书。

GB 50797　光伏发电站设计规范

GB 50052　供配电系统设计规范

GB 50053　20kV 及以下变电所设计规范

GB 50054　低压配电设计规范

GB 50057　建筑物防雷设计规范

GB/T 50064　交流电气装置的过电压保护和绝缘配合设计规范

GB 50217　电力工程电缆设计标准

GB/T 19939　光伏系统并网技术要求

GB/T 20046　光伏（PV）系统电网接口特性

GB/T 12325　电能质量　供电电压偏差

GB/T 12326　电能质量　电压波动和闪变

GB/T 14549　电能质量　公共电网谐波

GB/T 15543　电能质量　三相电压不平衡

GB/T 24337　电能质量　公共电网间谐波

GB/T 19862　电能质量检测设备通用要求

GB 1094　电力变压器

GB/T 17468　电力变压器选用导则

GB/T 6451　油浸式电力变压器技术参数和要求

GB 4208　外壳防护等级（IP 代码）

GB 50010　混凝土结构设计规范

GB 50011　建筑抗震设计规范

GB 50003　砌体结构设计规范

DL/T 488　电能计量装置技术管理规程

GB 13955　剩余电流动作保护装置安装和运行

DL/T 825　电能计量装置安装接线规则

DL/T 5202　电能量计量系统设计技术规程

DL/T 601　架空绝缘配电线路设计技术规程

DL/T 621　交流电气装置的接地

DL/T 620　交流电气装置的过电压保护和绝缘配合

DL/T 2041　分布式电源接入电网承载力评估导则

Q/GDW 212　电力系统无功补偿配置技术原则

第3章　接入系统典型方案及技术原则

3.1　概　　述

20MW 及以下分布式光伏集群项目接入系统典型设计技术原则是指导典型设计的总纲，描述典型设计的内容和深度要求，以及明确在设计中所执行的主要技术原则。其中：

系统一次包括接入系统方案划分原则、接入电压等级、接入点选择、典型方案、主要设备选择；

系统继电保护及安全自动装置包括线路保护、母线保护、频率电压异常紧急控制装置、防孤岛保护；

系统调度自动化包括调度管理、远动系统、对时方式、通信协议、信息传输、安全防护、功率控制、电能质量监测；

系统通信包括通道要求、通信方式、通信设备供电、通信设备布置等；

计量包括计量装置、关口点设置、设备接口、通道及规约要求等。

3.2　系统一次设计及方案划分

3.2.1　内容和深度要求

3.2.1.1　主要设计内容

（1）在确保电网和分布式光伏安全运行的前提下，统筹考虑区域内可开发容量、近远期装机、开发时序等因素，合理确定接入电压等级、接入点。

（2）确定采用相应典型设计方案。

（3）提出对有关电气设备选型的要求。

3.2.1.2　设计深度

具体包括接入系统方案，相应电气计算（包括潮流、短路、电能质量分析、无功平衡、三相不平衡校验等），合理选择送出线路回路数、导线截面，明确无功容量配置，对升压站主接线、设备参数选型提出要求，提出系统对光伏电站的技术要求。

3.2.2　主要原则及接入系统方案

3.2.2.1　分布式电源承载力评估

（1）分布式电源承载力评估应基于电力系统现状和规划，依据 DL/T 2041《分布式电源接入电网承载力评估导则》开展，评估结果应至少包含评估等级、可开放容量、评估结果图。

（2）承载力评估等级为绿色的区域，推荐分布式光伏接入。

（3）承载力评估等级为黄色的区域，分布式光伏承载力已接近饱和，按照 DL/T 2041 要求，确需接入的项目应开展专项分析。

（4）承载力评估等级为红色的区域，按照 DL/T 2041 要求，在承载力得到有效改善前，暂停新增分布式电源接入。

（5）对于黄色、红色区域，通过加大电能替代力度、优化用电负荷曲线、合理布局储能设施、汇集升压接入等方式可提升接入能力。通过配置储能提升承载力的，一般黄色区域不低于项目装机容量15%、2h，红色区域不低于项目装机容量20%、2h。

3.2.2.2　接入方案划分

根据接入电压等级、接入点和运营模式划分接入系统方案。

3.2.2.3　接入电压等级及场景

20MW 及以下分布式光伏集群项目接入电网电压等级的选取，应按照安全性、灵活性、经济性的原则，根据分布式光伏开发容量、导线载流量、上级变压器及线路可接纳能力、所在地区配电网情况、周边负荷分布和电源规划情况，经综合比选确定。

分布式光伏并网电压等级根据装机容量进行初步选择的参考标准如下：

（1）装机容量在 0.4MW 及以下时，采用 380/220V 电压等级并网。根据居民住宅进户线载流量和可靠供电要求，合理确定接入用户内部电网的装机容量，充分发挥既有进户线作用；当装机容量超过进户线载流量时，经技术经济比较，可将全部装机或超出容量部分，采用专线汇集就近接入配电变压器低压侧母线、低压分支箱或低压主干线，一般不改造进户线。当同一配电变压器供电范围内开发规模超过低压网用电负荷且引起配电变压器反向重过载或用户过电压时，可采用专用变压器汇集升压后接入 10kV 电网。

（2）单个接入点装机容量为 0.4～6MW 时，采用 10kV 电压等级并网。规模较大的整村光伏以及第三方开发的工业园区项目宜采用专线汇集升压方式接入 10kV 公共电网。

（3）装机容量为 6～20MW 时，村庄规模较大或多个村连片开发、仓储物流园区等区域，经技术经济论证，可采用一回或多回 10kV 线路接入公共电网变电站 10kV 母线，也可通过一回 35kV 专线接入公共电网变电站母线，或 T 接 35kV 线路。

最终并网电压等级应综合参考有关标准和电网实际条件，通过技术经济比选论证后确定。

3.2.2.4　并网点选择

（1）380/220V 并网点选择。

1）全额上网的分布式光伏，可接入公共电网配电箱出线开关，T 接接入公共电网架空线路，可接入配电室、箱式变压器低压出线开关等。当并网点与公共连接点之间距离很短时，可在分布式光伏与公共连接点之间只装设一个开关设备，并将相关保护功能集成于该开关。

2）自发自用/余电上网（含全额自发自用）的分布式光伏专线接入用户配电箱/架空线路、用户配电室、箱式变压器或柱上变压器低压母线等。

（2）10kV 并网点选择。

1）全额上网的分布式光伏可专线接入公共电网变电站 10kV 母线，公共电网开关站、环网室（箱）、配电室 10kV 母线等，或 T 接接入公共电网 10kV 线路。

2）自发自用/余电上网（含全额自发自用）的分布式光伏可专线接入用户开关站、环网室（箱）、配电室或箱式变压器 10kV 母线等。

3）当并网点与所接入用户母线之间距离很短时，可在分布式光伏与用户母线之间只装设一个开关设备，并将相关保护配置于该开关。

（3）35kV 并网点选择。

1）全额上网的分布式光伏，可通过一回 35kV 专线接入公共电网变电站母线，或 T 接 35kV 线路。

2）自发自用/余电上网（接入用户电网）的分布式光伏，可通过 1 回或多回线路接入用户 35kV 母线。

（4）相关定义。

本书中并网点、公共连接点等相关定义如下：

1）并网点。对于有升压站的分布式光伏，并网点为分布式光伏升压站高压侧母线或节点；对于无升压站的分布式光伏，并网点为分布式光伏的输出汇总点。

2）公共连接点。是指用户系统（发电或用电）接入公共电网的连接处。

3）产权分界点。是指电网企业和客户资产归属的分界点。当接网工程由电网企业投资时，以用户场站围墙外第一级支持物（35kV 及以上）、升压配电变压器高压侧（10kV）、分布式光伏输出端用户侧最后支持物（380/220V）为分界点；当接网工程由用户投资时，以公共变电站、开关站、配电室外第一级支持物（架空）或开关柜下口（电缆），或 T 接线路 T 接点下支路第一级支持物为分界点；产权分界点以下分布式光伏场站内的所有一次和二次设备（含涉网二次设备）均由用户投资。

3.2.2.5　典型设计方案概述

本书中 20MW 及以下分布式光伏集群项目典型接网方案共 7 个，方案概述详见表 3.2－1。

表 3.2-1　　　　分布式光伏规模化开发场景划分及基本情况表

电压等级	运营模式	方案编码	并网点	接入容量
380/220V 交流	全额上网	GF0.4-T-1	1 回线路接入公共电网配电箱、线路或公共电网配电室、箱式变压器、柱上变压器 380V 母线	0.4MW 及以下
	余电上网	GF0.4-Z-1	1 回线路接入用户配电箱或用户配电室、箱式变压器、柱上变压器 380V 母线	0.4MW 及以下
10kV 交流	全额上网	GF10-T-1	1 回线路接入公共电网开关站、环网室（箱）、配电室、箱式变压器 10kV 母线或公共电网 10kV 线路	0.4~6MW
	余电上网	GF10-Z-1	1 回或多回接入用户 10kV 母线	0.4~6MW
	全额上网	GF10-T-2	多回线路接入公共电网变电站 10kV 母线	6~20MW
35kV 交流	全额上网	GF35-T-1	1 回线路接入公共电网变电站 35kV 母线或公共电网 35kV 线路	6~20MW
	余电上网	GF35-Z-1	1 回或多回接入用户 35kV 母线	6~20MW

（1）接入典型设计方案 GF0.4-T-1。本方案主要适用于全额上网（接入公共电网）的光伏电站，1 回线路接入公共电网配电箱、线路或公共电网配电室、箱式变压器、柱上变 380V 母线。单个并网点参考装机容量 0.4MW 及以下。

（2）接入典型设计方案 GF0.4-Z-1。本方案主要适用于余电上网（接入用户电网）的光伏电站，1 回线路接入用户配电箱或用户配电室、箱式变压器、柱上变 380V 母线。单个并网点参考装机容量 0.4MW 及以下。

（3）接入典型设计方案 GF10-T-1。本方案主要适用于全额上网（接入公共电网）的光伏电站，1 回线路接入公共电网开关站、环网室（箱）、配电室、箱式变压器 10kV 母线或公共电网 10kV 线路。单个并网点参考装机容量 0.4~6MW。

（4）接入典型设计方案 GF10-Z-1。本方案主要适用于余电上网（接入用户电网）的光伏电站，1 回或多回接入用户 10kV 母线。单个并网点参考装机容量 0.4~6MW。

（5）接入典型设计方案 GF10-T-2。本方案主要适用于全额上网（接入公共电网）的光伏电站，多回线路接入公共电网变电站 10kV 母线。单个并网点参考装机容量 6~20MW。

（6）接入典型设计方案 GF35-T-1。本方案主要适用于全额上网（接入公共电网）的光伏电站，1 回线路接入公共电网变电站 35kV 母线或公共电网 35kV 线路。单个并网点参考装机容量 6~20MW。

（7）接入典型设计方案 GF35-Z-1。本方案主要适用于余电上网（接入用户电网）的光伏电站，1 回或多回线路接入用户 35kV 母线。单个并网点参考装机容量 6~20MW。

3.2.2.6　主要设备选择原则

（1）主接线。

1）380/220V：采用单元或单母线接线；

2）10kV：采用线变组或单母线接线；

3）35kV：单母线接线。

4）分布式光伏内部设备接地形式：分布式光伏的接地方式应与配电网侧接地方式一致，并应满足人身设备安全和保护配合的要求。

（2）升压站主变压器。

1）考虑变压器功率因数和适当裕度，场站内升压变压器容量一般按照光伏装机容量的 1~1.1 倍选择。若变压器同时为负荷供电，可根据实际情况选择容量。

2）分布式光伏接入用户内部电网时，用户升压变压器配置原则按照国家有关标准执行；在接入重要用户或对电能质量要求高的用户内部电网时，可采用专用变压器（隔离变压器、升压变压器）接入其内部配电系统。

3）汇集升压接入时电压等级可选择 10/0.4、35/0.4kV，多层汇集升压接入时电压等级可选择 10/0.4、35/10kV。

4）当分布式光伏接入不能满足调压或电压质量要求时，可采用有载调压变压器。

（3）送出线路导线截面。光伏电站送出线路导线截面选择应遵循以下原则：

1）光伏电站导线截面宜综合考虑分布式光伏开发潜力、负荷发展需求等因素一次选定，并与变压器容量、台数相匹配。

2）光伏电站送出线路导线截面选择需根据所需送出的容量、并网电压等级选取，并考虑分布式光伏发电效率等因素，接入公网时应结合本地配电网规划与建设情况选择适合的导线，一般按持续极限输送容量选择。

3）汇集后接入主干线路的送出导线截面应根据各汇集线路持续极限输送

容量之和选择。

（4）开断设备。

1）380/220V：分布式光伏并网点应安装易操作、具有明显开断指示、可开断故障电流能力，具备失压跳闸、低电压闭锁合闸等功能的断路器。根据短路电流水平选择设备开断能力，并留有一定裕度，应具备电源端与负荷端反接能力。与电能表配套实现并离网控制的断路器，应同时满足 Q/GDW 11421—2020《电能表外置断路器技术规范》技术要求。

2）10～35kV：分布式光伏并网点应安装易操作、可闭锁、具有明显开断点、带接地功能、可开断故障电流、具备失压跳闸及低压闭锁合闸功能的断路器。根据短路电流水平选择设备开断能力，并需留有一定裕度，10kV 一般宜采用 20kA 或 25kA，35kV 一般宜采用 31.5kA 或 25kA。断路器宜具有"三遥"（遥测、遥信、遥控）功能并满足相应通信规约要求。

3）当分布式光伏并网公共连接点为负荷开关时，应改造为断路器。

（5）无功配置。

1）通过 380/220V 电压等级并网的规模化开发分布式光伏发电系统应保证并网点处功率因数在 0.95（超前）至 0.95（滞后）范围内可调。

2）通过 10kV 及 35kV 电压等级并网的规模化开发分布式光伏发电系统应保证并网点处功率因数在 0.9（超前）至滞后 0.9（滞后）范围内连续可调。

3）分布式光伏发电系统无功补偿容量的计算，应充分考虑逆变器功率因数、汇集线路、变压器和送出线路的无功损失等因素。

4）分布式光伏发电系统配置的无功补偿装置类型、容量及安装位置，应结合规模化开发分布式光伏发电系统实际接入情况确定，必要时安装动态无功补偿装置。

（6）并网逆变器。

1）并网逆变器应严格执行现行国家、行业标准中规定的包括元件容量、电能质量和防孤岛等方面要求。

2）并网逆变器应具备与本地能量管理系统、台区智能融合终端、调度自动化、用电信息采集、配电自动化等系统通信的功能，采用国家或行业（团体）标准规定的主流通信协议规约，至少预留 1 路独立通信接口供电力调度机构使用。

3）并网逆变器应具备有功、无功功率调节功能，并能够根据调度指令调节功率输出，输出功率偏差及功率变化率不应超过调度机构的给定值。

（7）电能质量监测装置。

1）380/220 伏低压光伏总容量超过配电变压器额定容量 25%的配电变压器低压侧，应装设具备部分电能质量指标测量功能的非专用终端，例如台区智能融合终端、智能电能表等，监测指标的测量方法与测量准确度应满足 Q/GDW 10650.2—2021 规定的 S 级（含）以上要求。

2）变电站供电区域内分布式光伏总容量超过所有主变压器总容量 25%的主变压器高低压侧，以及 10～35kV 并网的分布式光伏的接入的变电站出线，应装设满足 Q/GDW 10650.2 和 Q/GDW 10650.3 要求的专用电能质量监测终端，监测指标的测量方法与测量准确度应满足 A 级要求。

3）电能质量监测数据应远程传送至省级监测主站，历史数据至少保存一年。

（8）防雷接地装置。在分布式光伏接入系统设计中应充分考虑雷击及内部过电压的危害，按照相关技术规范的要求，装设避雷器和接地装置。

系统一次部分：10～35kV 系统采用交流无间隙金属氧化物避雷器进行过电压保护。380/220V 各回出线和零线可采用低压阀型避雷器或浪涌保护器（Statistical Process Diagnosis）。

系统二次部分：为了防止雷击感应影响二次设备安全及可靠性，全部金属物包括设备、机架、金属管道、电缆的金属外皮等均应单独与接地干网可靠连接。

接地应符合 GB 50065—2011《交流电气装置的接地设计规范》要求，电气装置过电压保护应满足 GB 50064—2014《交流电气装置的过电压保护和绝缘配合设计规范》要求。

（9）安全防护。

1）通过 380/220V 电压等级并网的 20MW 及以下分布式光伏集群项目，连接电源和电网的专用低压开关柜应有醒目标识。标识应标明"警告""双电源"等提示性文字和符号。标识的形状、颜色、尺寸和高度应按照 GB 2894《安全标志及其使用导则》的规定执行。

2）通过 10～35kV 电压等级并网的 20MW 及以下分布式光伏集群项目，

应根据 GB 2894 的要求在电气设备和线路附近标识"当心触电"等提示性文字和符号。

3.3 系统继电保护及安全自动装置

3.3.1 主要设计内容

包括继电保护及安全自动装置配置方案等。

3.3.2 设计深度

（1）系统继电保护。根据分布式光伏接入系统方案，提出系统继电保护的配置原则及配置方案。

（2）安全自动装置。根据分布式光伏接入系统方案，提出安全自动装置配置原则及配置方案。

提出频率电压异常紧急控制装置配置需求及方案。

提出孤岛检测配置方案，提出防孤岛与备自投装置、自动重合闸等自动装置配合的要求。

（3）其他。提出继电保护及安全自动装置对电流互感器、电压互感器（或带电显示器）、对时系统和直流电源等的技术要求。

3.3.3 技术原则

3.3.3.1 一般性要求

分布式光伏发电的继电保护及安全自动装置配置应满足可靠性、选择性、灵敏性和速动性的要求，其技术条件应符合 GB/T 14285《继电保护和安全自动装置技术规程》、DL/T 584《3kV～110kV 电网继电保护装置运行整定规程》、GB 50054《低压配电设计规范》、GB/T 19964《光伏发电站接入电力系统技术规定》和 GB/T 33982《分布式电源并网继电保护技术规范》的要求。

3.3.3.2 线路保护

（1）380/220V 电压等级接入。分布式光伏发电以 380/220V 电压等级接入公共电网时，并网点、公共连接点的断路器应具备短路瞬时、长延时保护功能和分励脱扣等功能，应配置失压跳闸及低压闭锁合闸功能，同时应配置剩余电流保护装置。

（2）10kV 电压等级接入。

1）送出线路继电保护配置。

a. 采用专用送出线路接入系统。分布式光伏发电接入变电站、开关站、环网室（箱）、配电室或箱式变压器 10kV 母线时，一般情况下可配置阶段式（方向）过电流保护，也可以配置距离保护；当上述两种保护无法整定或配合困难以及对供电可靠性要求较高时，宜配置纵联电流差动保护。

b. 采用 T 接线路接入系统。分布式光伏发电采用 T 接线路接入系统时，一般情况下可配置阶段式（方向）过电流保护，也可以配置距离保护；当上述两种保护无法整定或配合困难以及对供电可靠性要求较高时，宜配置多端纵联电流差动保护。

2）系统侧相关保护校验及完善要求。

a. 分布式光伏接入用户电网后，应对用户电网及公共电网相关现有保护进行校验，当不满足要求时，应调整保护配置。

b. 分布式光伏接入用户电网后，应校验用户电网及公共电网相关的开断设备和电流互感器是否满足要求。

c. 分布式光伏接入用户电网后，应在必要时对相关线路按双侧电源完善保护配置。

（3）35kV 电压等级接入。一般情况下可配置阶段式（方向）过电流保护，也可以配置距离保护；当上述两种保护无法整定或配合困难以及对供电可靠性要求较高时，宜配置纵联电流差动保护。

3.3.3.3 母线保护

分布式光伏发电系统设有母线时，可不设专用母线保护，发生故障时可由母线有源连接元件的后备保护切除故障。有特殊要求时，如后备保护时限不能满足要求，也可设置独立的母线保护装置。

需对变电站或开关站侧的母线保护进行校验，若不能满足要求时，则变电站或开关站侧需要配置专用母线保护。

3.3.3.4 安全自动装置

光伏电站逆变器必须具备快速检测孤岛且检测到孤岛后立即断开与电网连接的能力，其防孤岛方案应与继电保护配置、频率电压异常紧急控制装置配置和低电压穿越等相配合，时限上互相匹配。

分布式光伏项目发电接入系统，须在并网点设置安全自动装置，实现频率电压异常紧急控制功能，跳开并网点断路器。

380 伏电压等级不配置防孤岛检测及安全自动装置，采用具备防孤岛能力的逆变器，当接入容量超过本台区配电变压器容量 25%时，应在配电变压器低压母线装设反孤岛装置，反孤岛装置与低压总开关应设置操作闭锁功能，母线间有联络时，联络开关也应反孤岛装置间设置操作闭锁功能。

有计划性孤岛要求的分布式光伏项目发电系统，应配置频率、电压控制装置，孤岛内出现电压、频率异常时，可对发电系统进行控制。

3.3.3.5 其他

（1）专线接入的分布式光伏发电项目，应在系统接入审查时与用户商定线路采用的重合闸方式。当无线路电压互感器或线路电压互感器安装困难时，可商定采用停用重合闸方式；当重合闸投入时，应安装线路电压互感器并采用检无压或检同期重合方式。

（2）T 接接入分布式光伏项目，重合闸应考虑与分布式光伏侧故障解列、防孤岛保护的配合。重合闸方式宜采用检同期、检无压方式，无线路电压互感器时可能引起非同期合闸的，宜停用线路重合闸。

（3）当以 10kV 或 35kV 线路接入公共电网环网室（箱）、开关站等时，环网室（箱）或开关站需要进行相应改造，具备二次电源和设备安装条件。对于空间实在无法满足需求的，可选用壁挂式、分散式直流电源模块，满足分布式光伏项目接入系统方案的要求。

（4）10kV 及 35kV 接入系统的分布式光伏电站内须具备直流电源，供新配置的保护装置、测控装置、电能质量在线监测装置等设备使用。

（5）分布式光伏电站并网逆变器应具备过电流保护与短路保护、孤岛检测，在频率电压异常时自动脱离系统的功能。

3.4 系统调度自动化

3.4.1 主要设计内容

包括调度管理关系及调控方式确定、远动信息采集、系统远动配置方案、通道组织、二次安全防护及电能质量在线监测等内容。

3.4.2 设计深度

（1）根据配电网调度管理规定，结合发电系统的容量和接入配电网电压等级确定发电系统调度关系。

（2）根据调度关系，确定是否接入远端调度自动化系统并明确接入调度自动化系统的远动系统配置方案。

（3）根据调度自动化系统的要求，提出信息采集内容、通信规约及通道配置要求。

（4）根据调度关系组织远动系统至相应调度端的远动通道，明确通信规约、通信速率或带宽。

（5）提出相关调度端自动化系统的接口技术要求。

（6）根据本工程各应用系统与网络信息交换、信息传输和安全隔离要求，提出二次系统安全防护方案、设备配置需求。

（7）根据相关调度端有功功率、无功功率控制的总体要求，分析发电系统在配电网中的地位和作用，确定远动系统是否参与有功功率控制与无功功率控制，并明确参与控制的上下行信息及控制方案。

（8）明确电能质量监测点和监测量。

3.4.3 技术原则

3.4.3.1 总体要求

（1）分布式光伏应实现"可观、可测、可调、可控"。通过 10～35kV 电压等级接入的分布式光伏应采用直采直控方式。通过 380/220V 电压等级接入的分布式光伏的监控方式可根据各地区现有主站系统现状、光伏开发模式，因地制宜选取，宜采用群调群控方式。

（2）通过 10～35kV 电压等级接入的分布式光伏，当接入容量超过 10MW 时，应配置光伏发电功率预测系统，系统应具有中期、短期、超短期光伏发电功率预测功能。

3.4.3.2 数据采集范围

（1）分布式光伏数据采集范围应包括遥测、遥信、电能量信息，可包括电能质量监测数据、环境监测仪数据（温度、湿度、光照直辐射、光照散辐射）等。

（2）通过 10～35kV 电压等级接入的分布式光伏（含自发自用和直接接入公共电网）应至少具备表 3.4-1 中的遥测、遥信、电能量、电能质量监测信息，具备条件时宜上传环境监测仪数据。

（3）通过 380/220V 电压等级接入的分布式光伏应至少具备上传电流、电压、有功功率、无功功率、电能量和并网点开关位置信息。

分布式光伏数据采集应满足实时性和精度要求。

表 3.4-1　　　　　　　　　分布式光伏数据采集范围

数据类型		数据采集范围
实时数据	遥测	并网点电压、电流、有功功率、无功功率、功率因数等
	遥信	并网点开关位置、事故总信号（有条件）、主要保护动作信息等
非实时数据（电能量数据）		发电量、产权分界处电能量
电能质量数据		并网点处谐波、电压波动和闪变、电压偏差、三相不平衡、直流分量等
其他数据		环境监测仪数据（为功率预测做数据支撑）

3.4.3.3 远动系统

（1）通过 35kV 电压等级接入的分布式光伏应配置双套调度数据网设备，远动信息通过调度数据专网接入调度自动化主站。

（2）通过 10kV 电压等级接入的分布式光伏远动信息上传经远动终端，应采用调度数据专网方式或 5G 虚拟专网通信方式，接入相应的调度自动化主站。

（3）通过 380/220V 电压等级接入的分布式光伏经集中器或智能融合终端，可采用无线公网通信方式接入相应的用电信息采集系统或配电自动化等主站，同时应采取信息通信安全防护措施，满足信息安全防护要求。

（4）调度自动化系统可通过与用电信息采集系统、配电自动化等主站交互的方式满足 380/220V 电压等级接入的分布式光伏可观可测可调可控要求。

（5）通信方式和信息传输应符合相关标准的要求，与调度自动化系统专网通信应采用 DL/T 634.5104 通信协议。

3.4.3.4 功率控制要求

（1）分布式光伏应具备远程功率控制技术措施，具备遥控和遥调功能，可执行调度机构下发的远方控制解/并列、启停和发电功率指令。

（2）分布式光伏应具备有功功率连续平滑调节的能力，能够接收并自动执行调度部门发送的有功功率及有功功率变化的控制指令，其调节速度和控制精度应能满足调度部门有功功率调节的要求。

（3）分布式光伏应能根据调度部门指令，自动调节其发出（或吸收）的无功功率，控制并网点电压在正常运行范围内，其调节速度和控制精度应能满足

电力系统电压调节的要求。

3.4.3.5 安全防护

信息安全防护应满足国家发展和改革委员会 2024 年第 27 号令《电力监控系统安全防护规定》、GB/T 36572《电力监控系统网络安全防护导则》及 GB/T 22239《信息安全技术　网络安全等级保护基本要求》的要求，满足安全分区、网络专用、横向隔离、纵向认证要求，必要时需配置相应的安全防护设备。

3.4.3.6 电能质量在线监测

分布式光伏发电接入系统需在公共连接点装设电能质量在线监测装置，并将相关数据上送至上级运行管理部门。

35kV 及 10kV 电压等级接入时，需在并网点配置电能质量在线监测装置；必要时，在公共连接点也需配置电能质量在线监测装置。监测电能质量参数，包括电压、频率、谐波、功率因数等。

380/220V 电压等级接入时，电能表应具备电能质量在线监测功能，可监测三相不平衡电流。

3.4.3.7 其他要求

（1）通过 35kV 电压等级接入的分布式光伏，其涉网自动化设备应配置独立时钟，支持北斗及 GPS 对时；通过 10kV 电压等级接入的分布式光伏可采用相应调度自动化主站系统规约对时方式；通过 380/220V 电压等级接入的分布式光伏，相关设备应能够支持所接入主站系统的规约对时。

（2）通过 35kV 电压等级接入的分布式光伏应设置 UPS 交流电源，供调度数据网设备、远动装置、关口电能表、电能量终端服务器等使用。通过 10kV 电压等级接入的分布式光伏可根据负荷情况配置 UPS 交流电源。

3.5 系 统 通 信

3.5.1 主要设计内容

包括明确调度管理关系及调控方式、介绍通信现状和规划、分析通道需求、提出通信方案、确定通道组织方案、提出通信设备供电和布置方案等。

3.5.2 设计深度

（1）根据配电网调度管理、发电系统的容量和接入配电网电压等级明确分布式光伏发电系统与调度关系。

（2）叙述与分布式光伏发电相关的电力系统通信现状，包括传输型式、电路制式、电路容量、组网路由、设备配置、相关光缆情况等。

（3）根据调度组织关系、运行管理模式和电力系统接线，提出线路保护、安全自动装置、调度自动化等相关信息系统对通道的要求，以及分布式光伏电站至调度等单位的信息通道要求。

（4）根据一次接入系统方案及通信系统现状，提出分布式光伏发电系统通信方案，包括电路组织、设备配置等。一般需提出多方案进行比较，并明确推荐方案。

（5）根据分布式光伏发电的信息传输需求和通信方案，确定各业务信息通道组织方案。

（6）提出通信设备供电和布置方案。

3.5.3 技术原则

3.5.3.1 总体要求

（1）通信应适应电网调度运行管理规程及营销信息采集规范的要求。通信设备选型应与现有通信网络设备兼容，保持网络完整性。

（2）应参照 Q/GDW1807—2012《终端通信接入网工程典型设计规范》进行设计。

3.5.3.2 通信通道要求

（1）应根据分布式光伏的规模、电压等级、接入方式、调度关系、继电保护、用电信息采集等需求，确定通道要求。

（2）通信通道应具备故障监测、通道配置、性能检测、安全管理、资源统计等维护管理功能。

3.5.3.3 通信方式

（1）通过 380/220V 电压等级接入的分布式光伏业务终端（采集器、智能断路器、智能电表等设备），应支持 RS485、HPLC、HPLC/RF 双模等通信方式，实现与逆变器、台区智能融合终端、集中器等装置的信息交互。具体通信方式根据各地区现有主站系统现状、光伏开发模式，因地制宜选取。

（2）通过 10kV 电压等级接入的分布式光伏，根据公共连接点所在区域光纤专网通信通道和无线专网等覆盖情况，优先采用光纤通信方式。

（3）通过 35kV 电压等级接入的分布式光伏，通信通道应具备实时上传分布式光伏运行工况数据与接收调度控制指令的能力，应采用光纤通信方式。

3.5.3.4 通信设备供电

（1）通信设备电源性能应满足 Q/GDW 11442）《通信电源技术、验收及运行维护规程》的相关要求。

（2）通信设备供电应与其他设备统一考虑。

3.5.3.5 通信设备布置

通信设备宜与其他二次设备合并布置。

3.6 计 量

3.6.1 设计内容

包括计费关口点设置、电能表计配置、装置精度、传输信息及通道要求等。

3.6.2 设计深度要求

（1）提出相关电能量计费系统的计量关口点的设置原则。

（2）根据关口点的设置原则确定分布式发电系统的计费关口点。

（3）提出关口点电能量计量装置的精度等级以及对电流互感器、电压互感器的技术要求。

（4）提出电能量计量装置的通信接口技术要求。

（5）确定向相关调度端传送电能量计量信息的内容、通道及通信规约。

3.6.3 技术原则

（1）计量表计配置标准和技术要求参照 DL/T 448《电能计量装置技术管理规程》。电能表技术性能符合 GB/T 17215.321—2021《电测量设备（交流）特殊要求 第 21 部分：静止式有功电能表（A 级、B 级、C 级、D 级和 E 级)》》和 DL/T 614《多功能电能表》的要求。

（2）电能表宜配有不少于两个标准通信接口，具备数据本地通信功能，可通过采集终端实现远传功能，接入用电信息采集系统主站。容量 100kVA 及以上的余额上网用户采用三表法，100kVA 以下余额上网用户沿用两表法；全额上网用户沿用单表法配置。电能表通信协议应采用 DL/T 698.45 协议。电能表接入方向应以实际用电性质为准，用电（用网）为正，发电（上网）为负。

（3）全额上网的分布式光伏项目应在供用电设施产权分界处、发电量计量点设置计量表计。余电上网的分布式光伏项目，应在供用电设施产权分界处、发电量计量点、用户自用电处设置计量表计。通过 10～35kV 电压等级接入的分布式光伏项目，应在产权分界点按主副配置关口计量表，主、副表应有明确标志，采用同型号、同规格、准确度相同的表计和专用计量柜（箱）。

（4）用电信息采集终端应满足 DL/T 698.45 通信协议要求，能够采集电能表中负荷曲线、零点冻结值、告警事件等电能表中形成的数据，并传送至主站；具有接受唯一主站对时命令等功能，能够给电能表发布对时等命令。

（5）通过 10～35kV 电压等级接入的分布式光伏项目，计量用互感器的二次计量绕组应专用，不得接入与电能计量无关的设备。

（6）电能计量装置应配置专用的整体式电能计量柜（箱），电流、电压互感器宜在一个柜内，在电流、电压互感器分柜的情况下，电能表应安装在电流互感器柜内。

（7）计量电流互感器和电压互感器精度要求。

1）10～35kV：关口计量电能表准确度等级应为有功 0.2S 级，无功 2.0 级，并且要求有关电流互感器、电压互感器的准确度等级须分别达到 0.2S、0.2 级。存在直流分量的发电计量点，应配置抗直流分量的电流互感器。

2）380/220V：关口计量点按单表设计，关口计量点电能表准确度等级不应低于有功 0.5S 级，无功 2.0 级，电压互感器的准确度应为 0.2 级，电流互感器准确度不应低于 0.5S 级。

第4章 典型设计方案

4.1 接入公共电网配电箱、线路或公共电网配电室、箱式变压器、柱上变380V母线方案典型设计（GF0.4－T－1）

4.1.1 方案概述

该方案为光伏接入系统典型设计方案，方案号为GF0.4－T－1。

a）适用范围。适用于380/220V全额上网的分布式光伏项目。

b）参考容量。单个并网点装机容量不大于0.4MW。

c）方案描述。分布式光伏逆变后汇集，经1回线路接入公共电网配电箱、线路或公共电网配电室、箱式变压器、柱上变压器380B母线。当接入容量小于100kW，可充分利用下户线资源，采用低压线路分散接入公共电网配电箱或线路。

4.1.2 接入系统一次

光伏电站接入系统方案需结合电网规划、分布式电源规划，按照就近分散接入，就地平衡消纳的原则进行设计。

4.1.2.1 送出方案

本方案通过1回线路接入公共电网配电箱、线路或公共电网配电室、箱式变压器、柱上变压器380V母线，主要适用于全额上网的光伏电站，公共连接点为公共电网配电箱、线路或公共电网配电室、箱式变压器、柱上变压器380V母线，单个并网点参考装机容量0.4MW及以下。当接入容量小于100kW，可充分利用下户线资源，采用低压线路分散接入公共电网配电箱或线路。一次系统接线示意图见图4.1－1。

4.1.2.2 电气计算

（1）潮流分析。本方案设计中应对设计水平年有代表性的正常最大、最小负荷运行方式，检修运行方式，以及事故运行方式进行分析，必要时进行潮流计算。

（2）短路电流计算。计算设计水平年系统最大运行方式下，电网公共连接点和光伏电站并网点在光伏电站接入前后的短路电流，为电网相关厂站及光伏电站的开关设备选择提供依据。如短路电流超标，应提出相应控制措施。当无法确定光伏逆变器具体短路特征参数情况下，考虑一定裕度，光伏发电提供的短路电流按照1.5倍额定电流计算。

（3）电能质量分析。

1）光伏发电系统向当地交流负荷提供电能和向电网送出电能的质量，在谐波、电压偏差、电压不平衡、电压波动等方面，满足GB/T 14549《电能质量 公共电网谐波》、GB/T 12325《电能质量 供电电压偏差》、GB/T 15543《电能质量 三相电压不平衡》、GB/T 12326《电能质量 电压波动和闪变》的有关规定；

2）光伏发电系统向公共连接点注入的直流电流分量不应超过其交流额定值的0.5%。

（4）无功平衡计算。光伏电站应保证并网点处功率因数在0.95以上。

4.1.3 主要设备选择原则

（1）主接线。380V采用单元或单母线接线。

（2）送出线路导线截面。光伏电站送出线路导线截面选择应遵循以下原则：

1）光伏电站送出线路导线截面选择需根据所需送出的容量、并网电压等级选取，并考虑分布式电源发电效率等因素；

2）光伏电站目送出线路导线截面一般按持续极限输送容量选择。

（3）开断设备。本方案应安装易操作、具有明显开断指示、可开断故障电流能力，具备失压跳闸、低电压闭锁合闸等功能的断路器。根据短路电流水平选择设备开断能力，并留有一定裕度，应具备电源端与负荷端反接能力。与电能表配套实现并离网控制的断路器，应同时满足 Q/GDW 11421—2020《电能表外置断路器技术规范》技术要求。

4.1.4 电气主接线

电气主接线方案见图 4.1-2。

4.1.5 系统对光伏电站的技术要求

4.1.5.1 电能质量

由于光伏发电系统出力具有波动性和间歇性，另外光伏发电系统通过逆变器将太阳能电池方阵输出的直流转换交流供负荷使用，含有大量的电力电子设备，接入配电网会对当地电网的电能质量产生一定的影响，包括谐波、电压偏差、电压波动、电压不平衡度和直流分量等方面。为了能够向负荷提供可靠的电力，由光伏发电系统引起的各项电能质量指标应该符合相关标准的规定。

（1）谐波。光伏电站接入电网后，公共连接点的谐波电压应满足 GB/T 14549《电能质量　公共电网谐波》的规定。

光伏电站接入电网后，公共连接点处的总谐波电流分量（方均根）应满足 GB/T 14549《电能质量　公共电网谐波》的规定，详见附录 A，其中光伏电站向电网注入的谐波电流允许值按此光伏电站安装容量与其公共连接点的供电设备容量之比进行分配。

（2）电压偏差。光伏电站接入电网后，公共连接点的电压偏差应满足 GB/T 12325《电能质量　供电电压偏差》的规定，380V 三相供电电压偏差为标称电压的 ±7%。

（3）电压波动。光伏电站接入电网后，公共连接点的电压波动应满足 GB/T 12326《电能质量　电压波动和闪变》的规定。对于光伏电站出力变化引起的电压变动，其频度可以按照 $1<r\leqslant10$（每小时变动的次数在 10 次以内）考虑，因此光伏电站接入引起的公共连接点电压变动最大不得超过 3%。

（4）电压不平衡度。光伏电站接入电网后，公共连接点的三相电压不平衡度应不超过 GB/T 15543《电能质量　三相电压不平衡》规定的限值，公共连接点的负序电压不平衡度应不超过 2%，短时不得超过 4%；其中由光伏电站引起的负序电压不平衡度应不超过 1.3%，短时不超过 2.6%。

（5）直流分量。光伏电站向公共连接点注入的直流电流分量不应超过其交流额定值的 0.5%。

4.1.5.2 电压异常时的响应特性

本方案光伏电站应按照附录 B 要求的时间停止向电网线路送电，此要求适用于三相系统中的任何一相。

4.1.5.3 频率异常时的响应特性

本方案应具备一定的耐受系统频率异常的能力，应能够在附录 C 所示电网频率偏离下运行。

4.1.6 接入系统二次

接入系统二次部分根据系统一次接入方案，结合有关现状进行设计，包括系统继电保护及安全自动装置、系统调度自动化、系统通信。

4.1.6.1 系统继电保护及安全自动装置

配置及选型如下：

（1）380/220V 线路保护。本方案并网点及公共连接点的断路器应具备短路瞬时、长延时保护功能和分励脱扣等功能，应配置失压跳闸及低压闭锁合闸功能，同时应配置剩余电流保护装置。线路发生各种类型短路故障时，线路保护能快速动作，瞬时跳开断路器，满足全线故障时快速可靠切除故障的要求。断路器还应具备反映故障及运行状态辅助接点。

（2）母线保护。本方案 380V 母线不配置母线保护。

（3）安全自动装置。380V 电压等级并网点不配置防孤岛检测及安全自动装置。

光伏电站采用具备防孤岛能力的逆变器。逆变器必须具备快速监测孤岛且监测到孤岛后立即断开与电网连接的能力，其防孤岛检测装置应与继电保护配置、安全自动装置配置和低电压穿越等相配合，时间上互相匹配。

（4）10kV侧校验。需要时，应校验10kV侧的相关保护与安全自动装置是否满足光伏电站接入要求。若能满足接入的要求，予以说明即可；若不能满足光伏电站接入方案的要求，则10kV侧的相关保护与安全自动装置需要按照光伏发电接入10kV相应方案进行配置。

4.1.6.2 系统调度自动化及通信

（1）调度关系及调度管理。本方案光伏电站所发电量全部上网由电网收购，发电系统性质为公共光伏系统，调度管理关系根据相关电力系统调度管理规定、调度管理范围划分原则确定，远动信息的传输原则根据调度运行管理关系确定。

（2）相关配置方案。

1）监控配置方案。根据相关技术原则，通过380/220V电压等级接入的分布式光伏的监控方式可根据各地区现有主站系统现状、光伏开发模式，因地制宜选取，宜采用群调群控方式。本典型设计结合目前分布式光伏试点监控实现方式，罗列了4种监控配置方案。设计建设过程中也可结合区域情况、技术现状对方案进行优化。

a. 方案一：依托集中器、断路器实现刚性控制配置方案。

集中器远程通过满足安全防护要求的无线公网等方式与相关系统主站通信，本地通过HPLC/双模与电能表通信，电能表通过蓝牙（低压控制回路）等方式与光伏并网断路器通信，实现光伏发电并离网刚性控制。

与电能表配套实现并离网控制的断路器，应同时满足Q/GDW 11421—2020《电能表外置断路器技术规范》技术要求。

此方案可满足集中器覆盖台区的分布式光伏刚性控制需求。

b. 方案二：依托智能融合终端、智能量测开关实现柔性控制配置方案。

智能融合终端远程通过满足安全防护要求的无线公网等方式与相关系统主站通信，本地通过HPLC/双模与智能量测开关通信。智能量测开关通过RS-485等方式与光伏电站信息采集器或逆变器通信。

智能量测开关应集成断路器、HPLC、协议转换、电能质量监测等功能。通过智能量测开关实现光伏信息采集及出力柔性控制。

此方案可满足智能融合终端覆盖台区的分布式光伏监测、出力柔性控制及并离网刚性控制需求。

c. 依托智能融合终端、智能物联表、断路器实现柔性控制配置方案。

智能融合终端远程通过满足安全防护要求的无线公网等方式与相关系统主站通信，本地通过HPLC/双模与智能物联表通信。智能物联表通过蓝牙等方式与光伏并网断路器通信，通过RS-485等方式与光伏电站信息采集器或逆变器通信。

智能物联表应配置HPLC、协议转换、电能质量监测等模块，光伏并网断路器应具备遥控功能。通过智能物联表实现光伏信息采集及出力柔性控制，通过光伏并网断路器实现并离网刚性控制。

此方案可满足智能融合终端覆盖台区的分布式光伏监测及出力柔性控制需求。

d. 依托具有远程通信功能的智能物联表、断路器实现柔性控制配置方案。

具有远程通信功能的智能物联表远程通过满足安全防护要求的无线公网等方式与相关系统主站通信，本地通过蓝牙等方式与光伏并网断路器通信，通过RS-485等方式与光伏电站信息采集器或逆变器通信。

智能物联表应配置远程通信、HPLC、协议转换、电能质量监测等模块，断路器应具备遥控功能。通过智能物联表实现光伏信息采集及出力柔性控制，通过光伏并网断路器实现并离网刚性控制。

此方案可满足智能融合终端未覆盖台区的分布式光伏监测、出力柔性控制及并离网刚性控制需求。

2）电能量计量。本方案电能量计量表可合一设置，上下网关口计量电能表同时也可用做并网电能表。

a. 安装位置。电能量计量关口点设在产权分界点（最终按用户与业主计量协议为准）。同时，在系统箱式变压器箱式变压器或配电室侧按照常规要求配置计量表计。

b. 技术要求。在计费关口点按单表设计，电能表准确度等级不应低于有功0.5S级，无功2.0级，电压互感器的准确度应为0.2级，电流互感器准确度不应低于0.5S级。

电能表采用静止式多功能电能表，至少应具备双向有功和四象限无功计量功能、事件记录功能，应具备电流、电压、电量等信息采集和三相电流不平衡监测功能，配有标准通信接口，具备本地通信和通过电能信息采集终端远程通信的功能，电能表通信协议符合DL/T 645。计量表采集信息应接入电网管理部门电能信息采集系统，作为电能量计量和电价补贴依据。

c. 系统箱式变压器箱式变压器或配电室侧计量表计配置与原有表计一致。

（3）主要设备材料。系统调度自动化及通信配置清单详见表4.1-1。

表4.1-1　　　　　　系统调度自动化及通信配置清单

场所	设备名称	型号及规格	数量	单位	备注
光伏电站	关口计量电能表*		1	块	含电能质量监测功能
	无线采集终端*		套	1	
	电能计量箱		1	台	
	断路器*		1	台	具备远程控制功能，与一次设备集成
	智能量测开关*		1	台	与一次设备集成
	智能物联表*		1	台	与计量电能表集成
箱式变压器或配电室	电能表*		1	块	

注：标"*"设备根据工程实际需求进行配置。

GF0.4-T-1方案设计图清单见表4.1-2，图纸仅供参考，具体以实际情况为准。

表4.1-2　　　　　　GF0.4-T-1方案设计图清单

图序	图名	图纸编号
图4.1-1	一次系统接线示意图	T-1-01
图4.1-2	电气主接线图	T-1-02
图4.1-3	光伏并网接入箱电气接线图	T-1-03
图4.1-4	光伏并网接入箱布置加工图	T-1-04
图4.1-5	电缆接入公共柱上变JP柜安装示意图	T-1-05
图4.1-6	架空接入公共柱上变JP柜安装示意图	T-1-06
图4.1-7	接入公共配电箱安装示意图	T-1-07
图4.1-8	接入架空公共线路安装示意图	T-1-08
图4.1-9	接入公共配电室安装示意图	T-1-09
图4.1-10	接入公共箱式变压器安装示意图	T-1-10
图4.1-11	监控配置方案一示意图	T-1-11
图4.1-12	监控配置方案二示意图	T-1-12
图4.1-13	监控配置方案三示意图	T-1-13
图4.1-14	监控配置方案四示意图	T-1-14

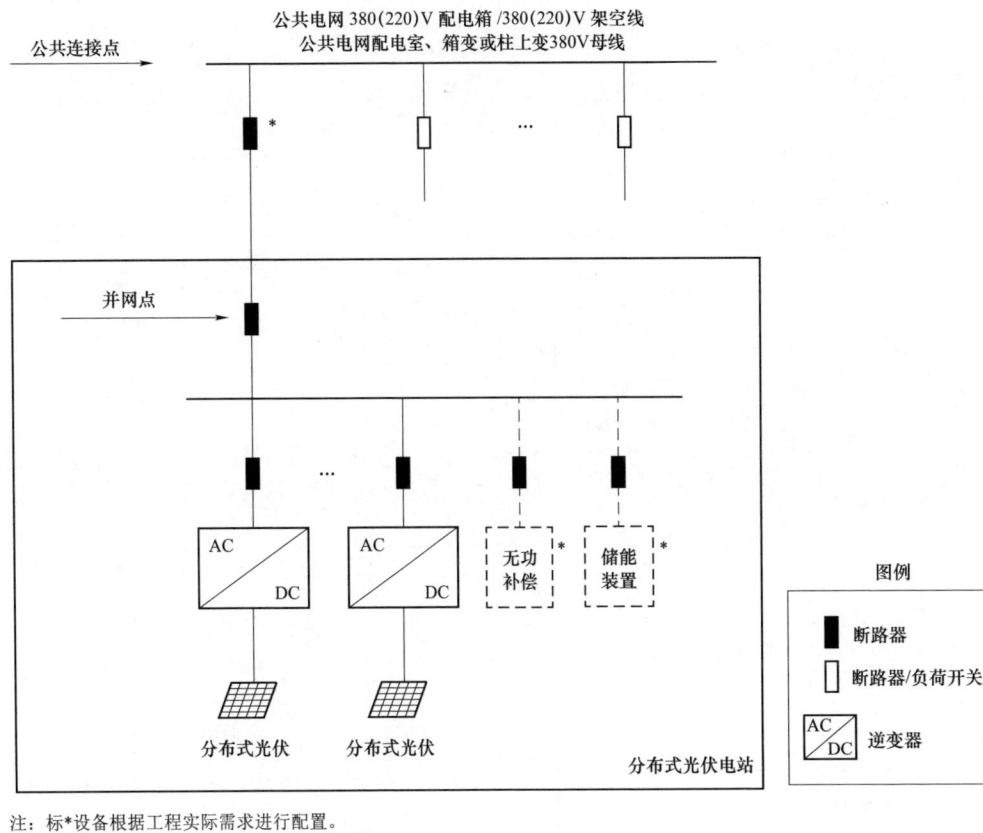

公共连接点 →

公共电网 380（220）V 配电箱 /380（220）V 架空线
公共电网配电室、箱变或柱上变380V母线

并网点 →

AC / DC

AC / DC

无功补偿 *

储能装置 *

分布式光伏

分布式光伏

分布式光伏电站

图例

■ 断路器

□ 断路器/负荷开关

AC / DC 逆变器

注：标*设备根据工程实际需求进行配置。

图 4.1-1　一次系统接线示意图（T-1-01）

至公用电网配电箱/架空线
公用电网配电室、箱变或柱上变380V母线

公用电网

光伏并网箱/柜

用户光伏电站

图例

QF	断路器		TA	电流互感器
QS	隔离开关		1	过电流保护
SPD	浪涌保护器		2	过压、失压保护
PJ	电能表		3	剩余电流保护

注：标*设备根据工程实际需求进行配置。

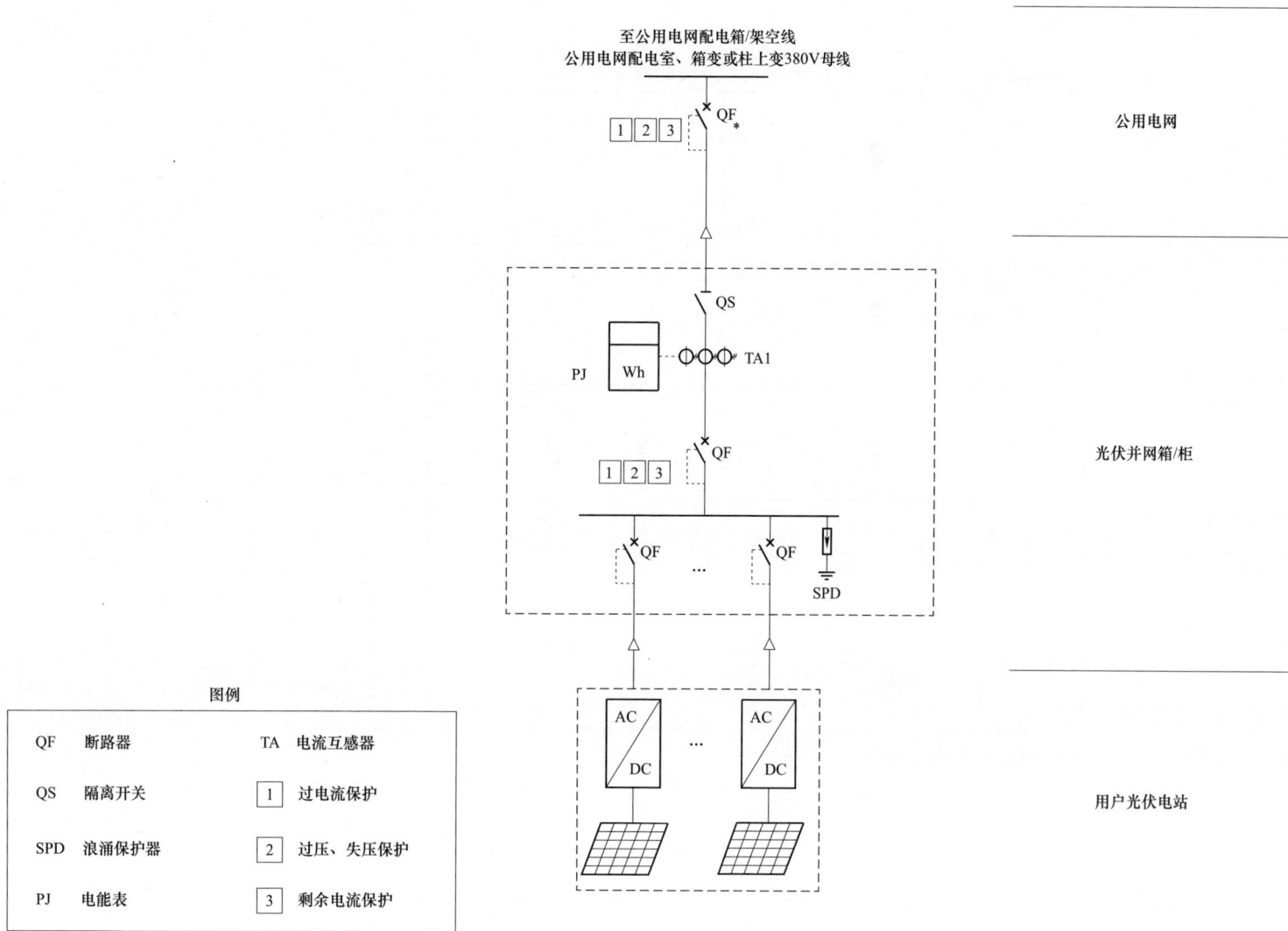

图 4.1-2　电气主接线图（T-1-02）

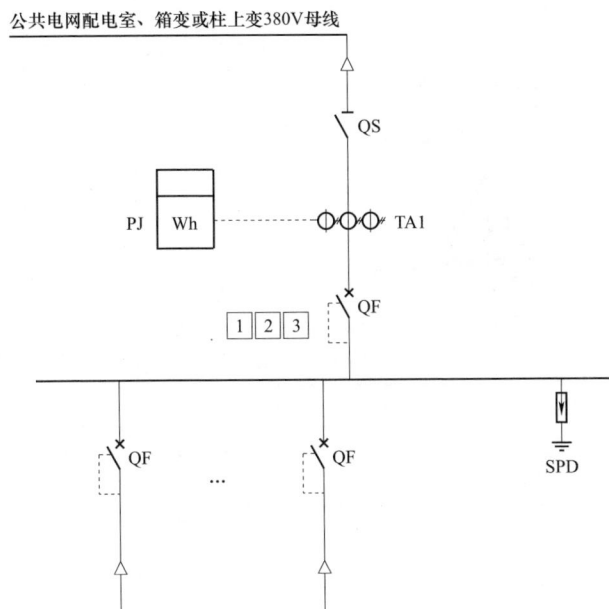

主 要 设 备 材 料 表

序号	代号	名称	规格和型号	单位	数量	备注
1	QS	熔断器式隔离开关	630A（800A）	个	1	
2	TA1	电流互感器	计量用 0.5S 级	只	3	可选
3		电能表			1	可选
4	SPD	浪涌保护器	T1 级	套	1	
5	QF	并网专用断路器（带剩余电流动作保护）	630A/3P＋N	块	1	按实际需求选择
6	QF	并网专用断路器（带剩余电流动作保护）	400A/3P＋N	台	1	按实际需求选择
7	QF	并网专用断路器（带剩余电流动作保护）	400A/3P＋N	台	1	按实际需求选择

说明： 1. 新增光伏并网柜加装防孤岛装置；柜内计量互感器变比需经当地供电局核定，电能计量表计由当地供电局配置。

2. 并网点接入点公共连接点的专用断路器应具备短路瞬时、长延时保护功能和分励脱扣、失压跳闸、低压闭锁、欠压脱扣等功能，同时应配置剩余电流保护装置。线路发生各种类型短路故障时，线路保护能快速动作，瞬时跳开断路器，满足全线故障时快速可靠切除故障的要求。断路器还应具备反映故障及运行状态辅助触点的功能。

3. 每个低压并网点预留安装计量表位置 2 个及采集器位置，做铅封。

4. 在浪涌保护器前端串联 63A 断路器；连接铜导线截面不小于 16mm²。

5. 柜内二次接线由成套厂家深化设计，断路器二次接点全部上端子，端子排预留不少于 20%，设备出厂需附二次接线图及端子排图，现场接线由厂家指导安装。

6. 并网柜外壳采用镀锌钢板，厚度大于 2mm，防护等级不低于 IP 54，并网柜地排与原用户接地系统可靠连接，并网柜外壳可靠接地。

7. 并网电能表及关口电能表均采用智能电能表，至少应具备双向有功和四象限无功计量功能，应具备电流、电压、电量等信息采集和三相电流不平衡监测功能，配有标准通信接口，具备本地通信和通过电能信息采集终端远程通信的功能。

图 4.1－3 光伏并网接入箱电气接线图（T－1－03）

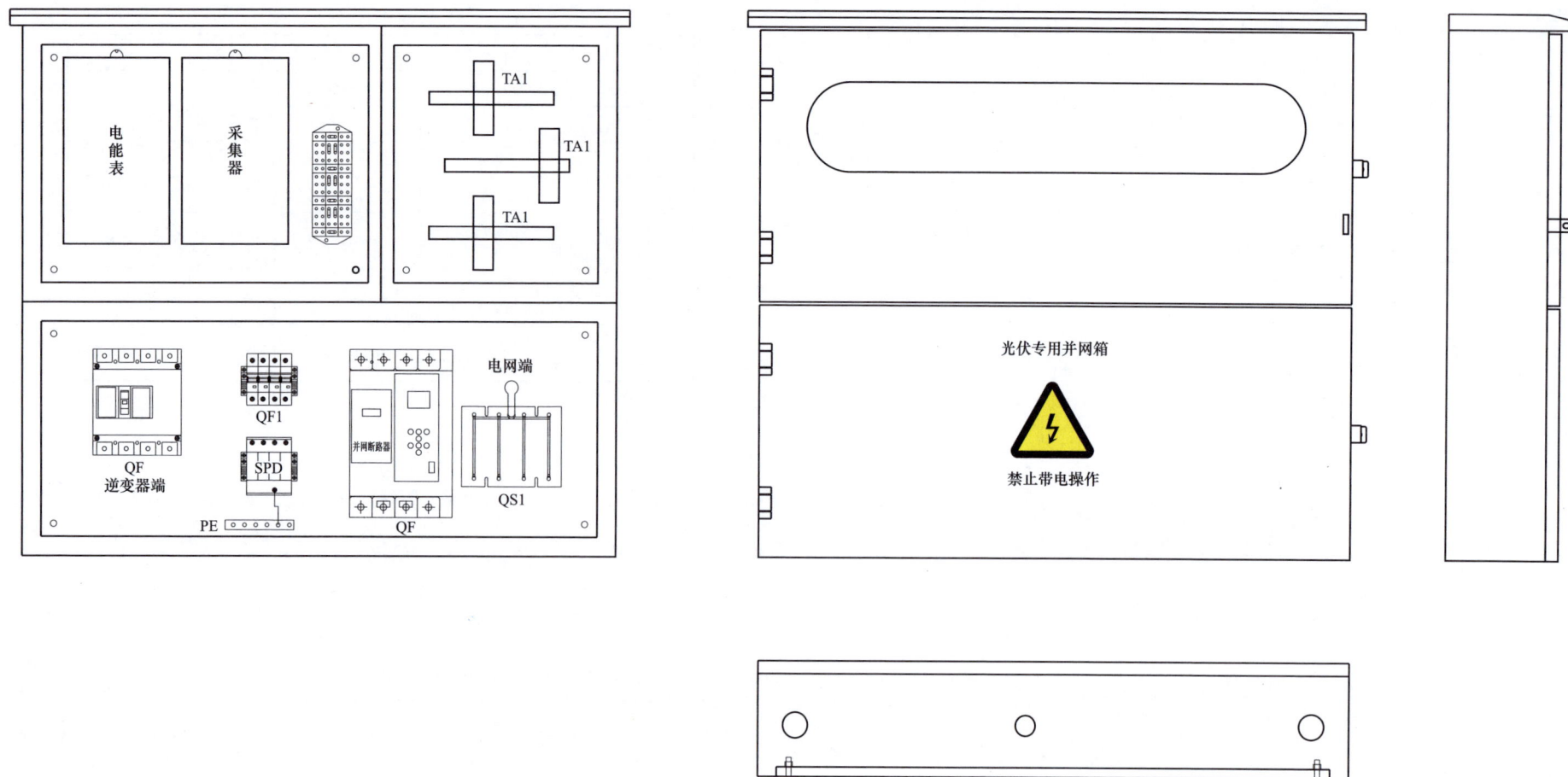

电能表

采集器

TA1

TA1

TA1

QF1

QF
逆变器端

SPD

PE

并网断路器

电网端

QF

QS1

光伏专用并网箱

禁止带电操作

说明：1. 箱体外壳选用防腐蚀性材料，不锈钢或纤维增强型不饱和聚酯树脂材料（SMC）；采用不锈钢材料，应可靠接地，采用纤维增强型不饱和聚酯树脂材料（SMC）不接地。

2. 隔室之间需有隔板。

3. 进出线预留孔配橡胶圈，均为敲落孔。

图 4.1-4　光伏并网接入箱布置加工图（T-1-04）

编号	设备名称	规格型号	单位	数量	备注
①	低压电缆（可选）	ZC－YJV22－0.6/1kV－4×70	m	按需	以实际情况为准
②	电缆保护管（可选）	φ100	m	2.5	以实际情况为准
③	光伏专用并网箱		台	1	含固定支架
④	低压电缆（可选）	ZC－YJV－0.6/1kV－4×120	m	按需	以实际情况为准
⑤	布电线	BV－35	m	5	

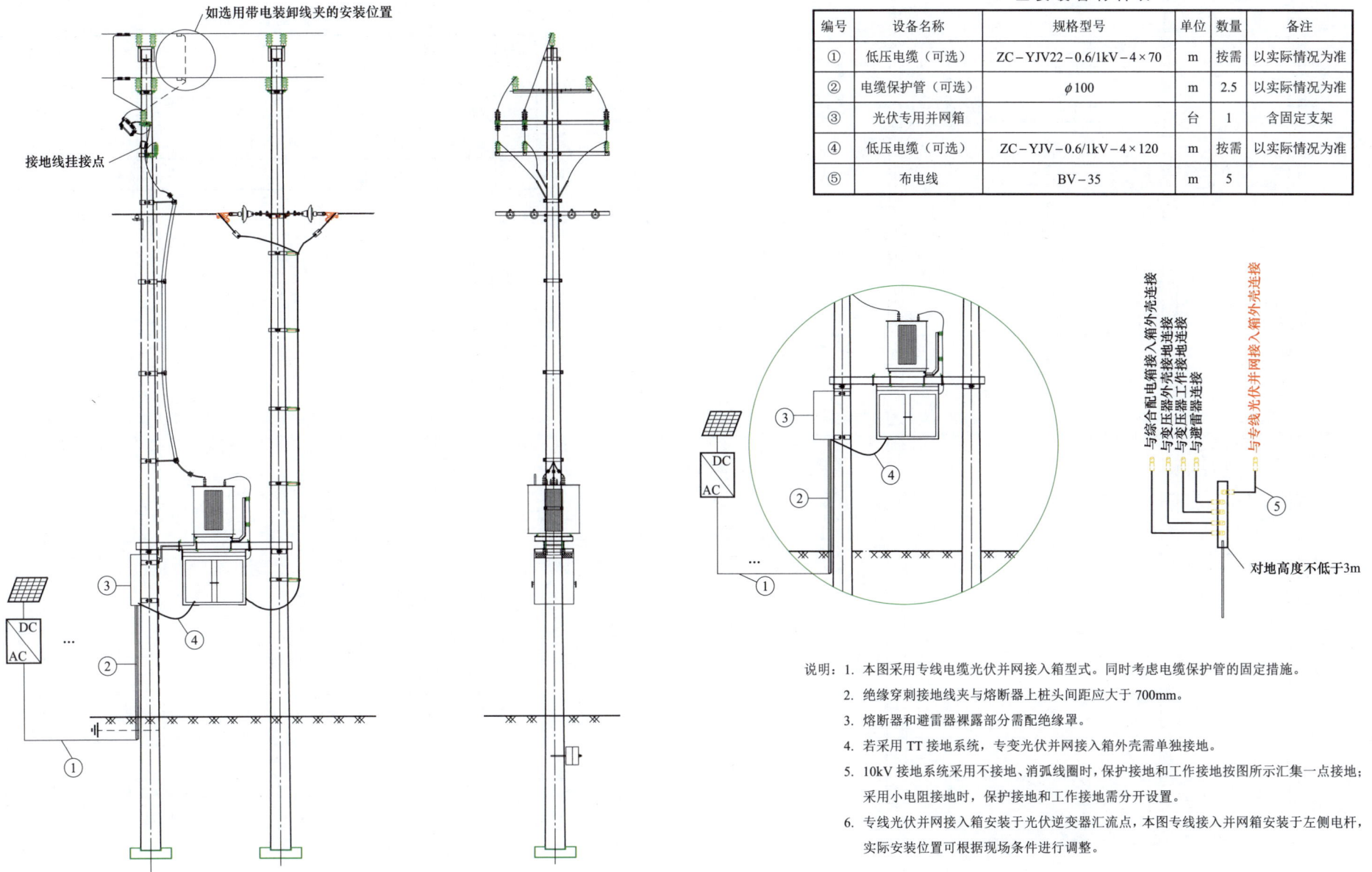

说明：1. 本图采用专线电缆光伏并网接入箱型式。同时考虑电缆保护管的固定措施。

2. 绝缘穿刺接地线夹与熔断器上桩头间距应大于700mm。

3. 熔断器和避雷器裸露部分需配绝缘罩。

4. 若采用TT接地系统，专变光伏并网接入箱外壳需单独接地。

5. 10kV接地系统采用不接地、消弧线圈时，保护接地和工作接地按图所示汇集一点接地；

采用小电阻接地时，保护接地和工作接地需分开设置。

6. 专线光伏并网接入箱安装于光伏逆变器汇流点，本图专线接入并网箱安装于左侧电杆，

实际安装位置可根据现场条件进行调整。

图4.1－5　电缆接入公共柱上变JP柜安装示意图（T－1－05）

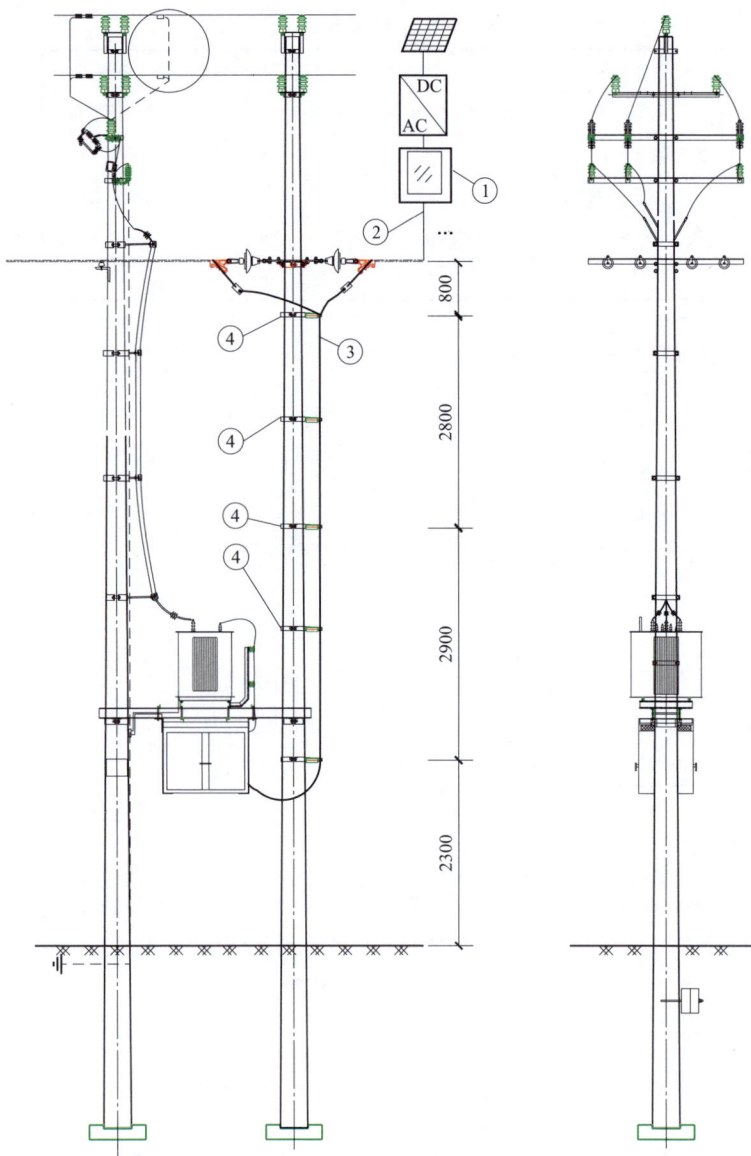

主 要 设 备 材 料 表

编号	设备名称	规格型号	单位	数量	备注
①	光伏专用并网箱		台	1	含固定支架
②	架空绝缘线（可选）	JKLYJ−1/70	m	按需	以实际情况为准
③	低压电缆（可选）	ZC−YJV−0.6/1kV−4×70	m	按需	以实际情况为准
④	电缆固定支架		套	5	

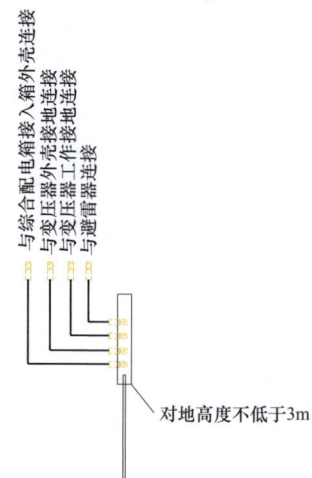

对地高度不低于3m

说明：1. 本图采用架空专线光伏并网接入箱型式。

2. 绝缘穿刺接地线夹与熔断器上桩头间距应大于700mm。

3. 熔断器和避雷器裸露部分需配绝缘罩。

4. 若采用 TT 接地系统，专变光伏并网接入箱外壳需单独接地。

5. 10kV 接地系统采用不接地、消弧线圈时，保护接地和工作接地按图所示汇集一点接地；采用小电阻接地时，保护接地和工作接地需分开设置。

6. 专线光伏并网接入箱安装于光伏逆变器汇流点，实际安装位置可根据现场条件进行调整。

图 4.1−6　架空接入公共柱上变 JP 柜安装示意图（T−1−06）

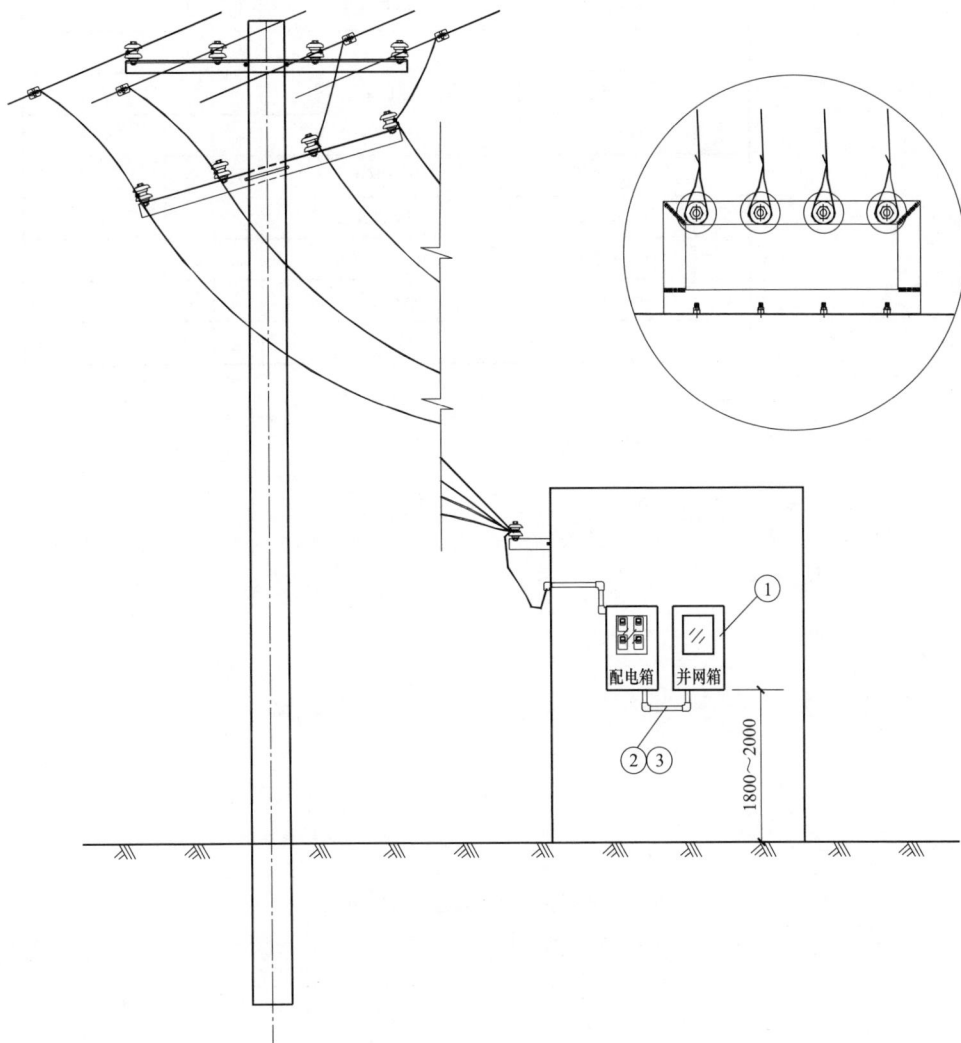

主要设备材料表

编号	材料名称	材料型号规格	单位	数量	备注
①	光伏并网箱			1	
②	保护管	$\phi 32$	m	按需	以实际情况为准
③	以实际情况为准	ZC-YJV-0.6/1kV-4×70	m	按需	

说明：1. 并沟线夹、绝缘子应根据导线截面进行调整。
     2. 所有铁件均需热镀锌处理。

图 4.1-7 接入公共配电箱安装示意图（T-1-07）

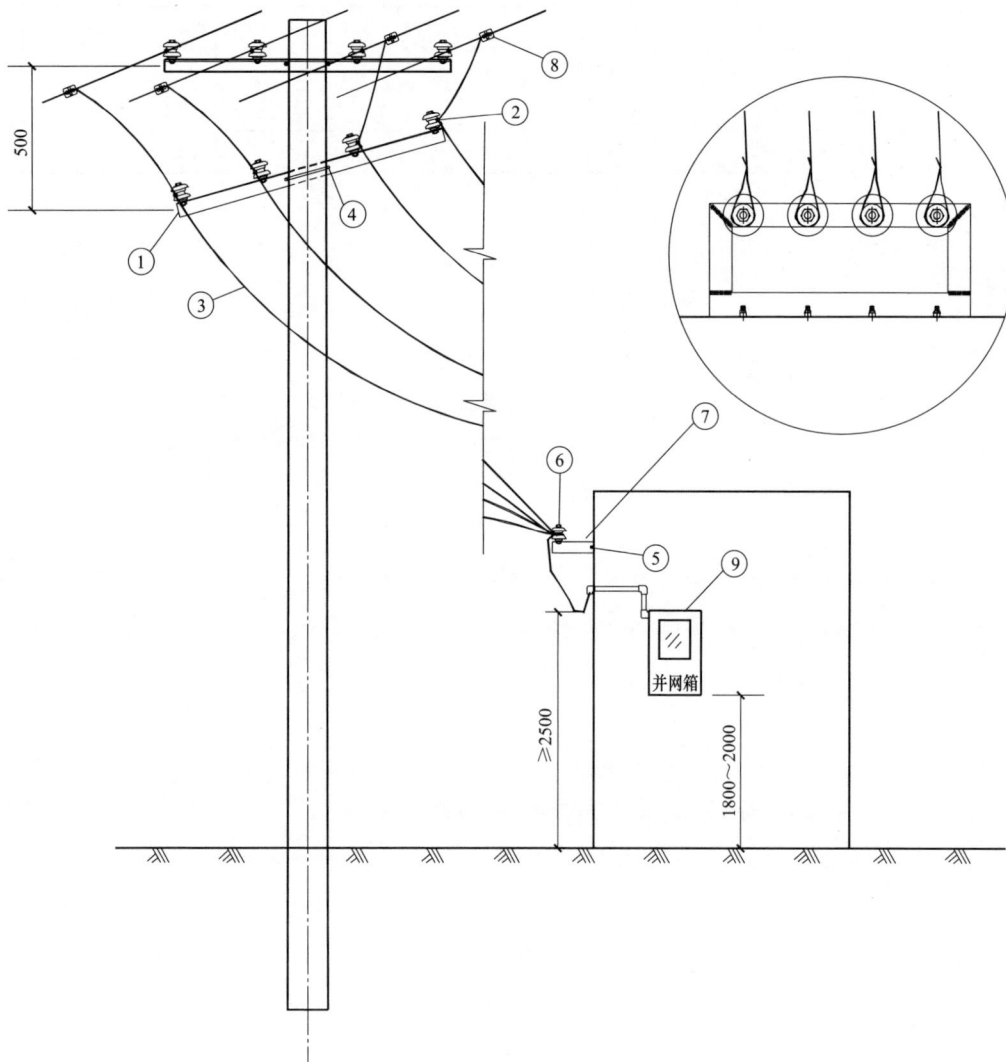

主要设备材料表

编号	材料名称	材料型号规格	单位	数量	备注
①	四线铁横担	∠63×6×800	根	1	
②	绝缘子		只	8	
③	导线	JKLYJ	m		按需
④	U型抱箍	U16-190	副	1	
⑤	膨胀螺栓	F12×100	只	4	
⑥	螺栓	M16×120	只	4	
⑦	四线P型支架	∠50×5×1700	副		按需
⑧	并沟线夹	带绝缘罩	只	4	
⑨	光伏并网箱		只	1	

说明： 1. 并沟线夹、绝缘子应根据导线截面进行调整。

2. 所有铁件均需热镀锌处理。

图 4.1-8 接入架空公共线路安装示意图（T-1-08）

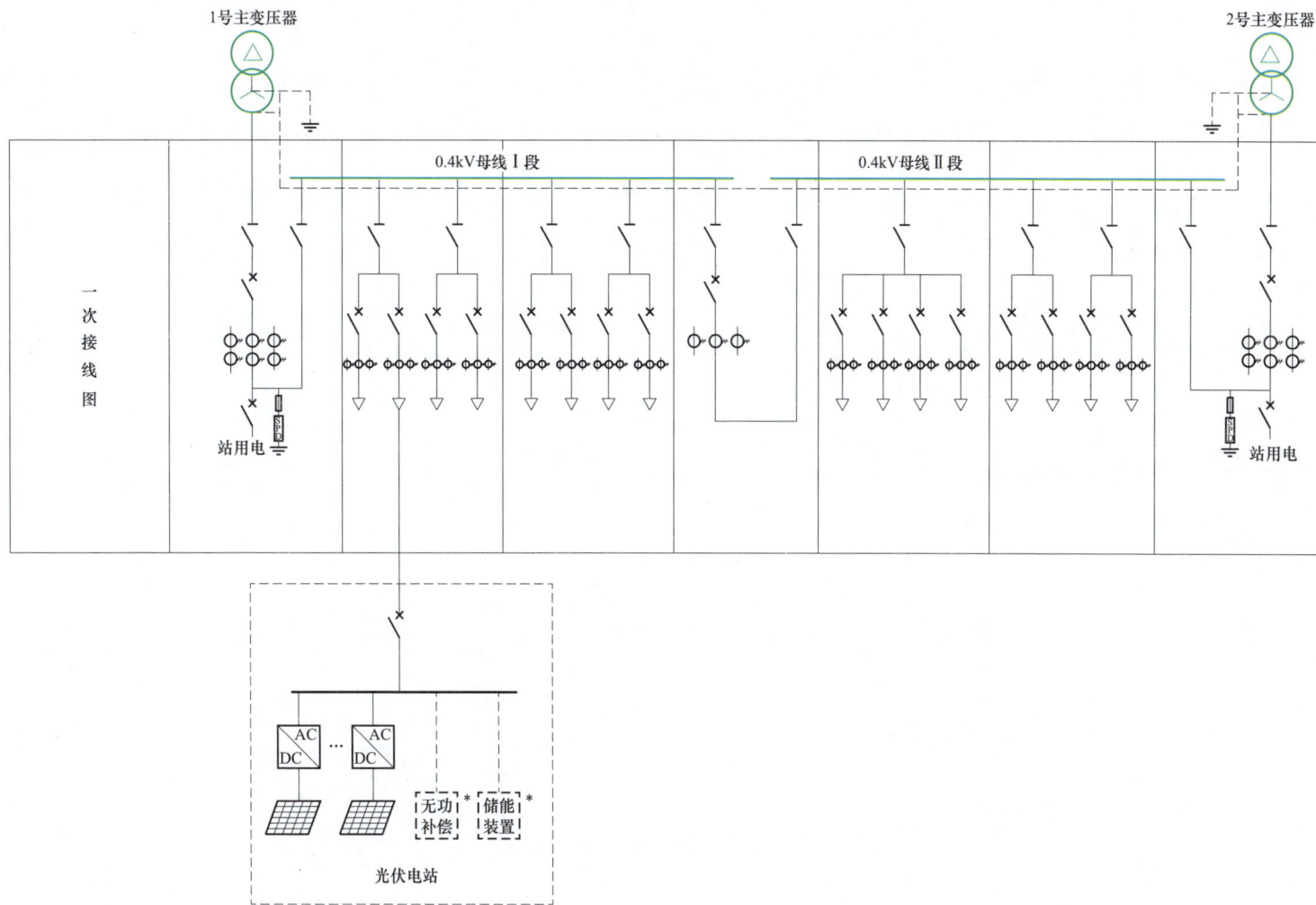

图 4.1-9 接入公共配电室安装示意图（T-1-09）

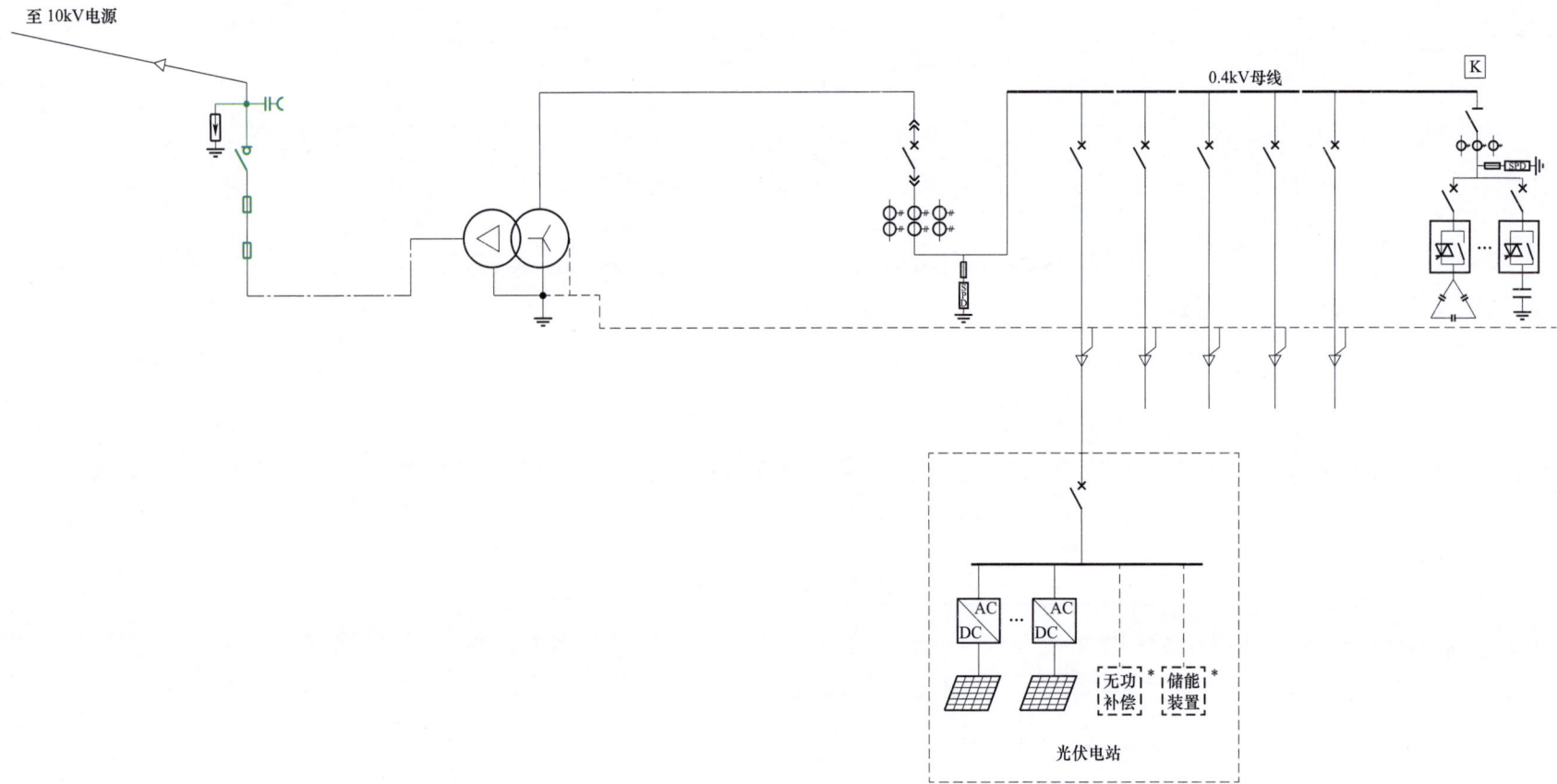

至 10kV电源

0.4kV母线

K

AC DC ... AC DC

无功补偿 * 储能装置 *

光伏电站

图 4.1－10　接入公共箱式变压器安装示意图（T－1－10）

电网侧

调度自动化系统   台区低压侧

相关系统主站   4G

Ⅰ型集中器

HPLC/HRF

电能表

控制回路

断路器

数据采集棒   RS-485   光伏逆变器

光伏组件

光伏用户侧

— 电力流   — 信息流

否

调度自动化主站
持续监控 → 是否需要
控制 →是→ 调度自动化主站
下发控制指令

相关系统转发

信息转发

断路器执行
控制指令

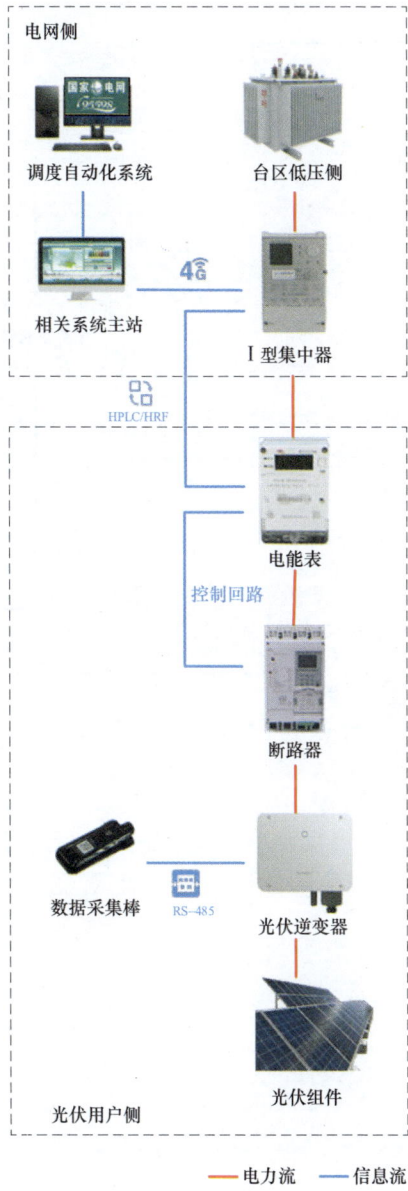

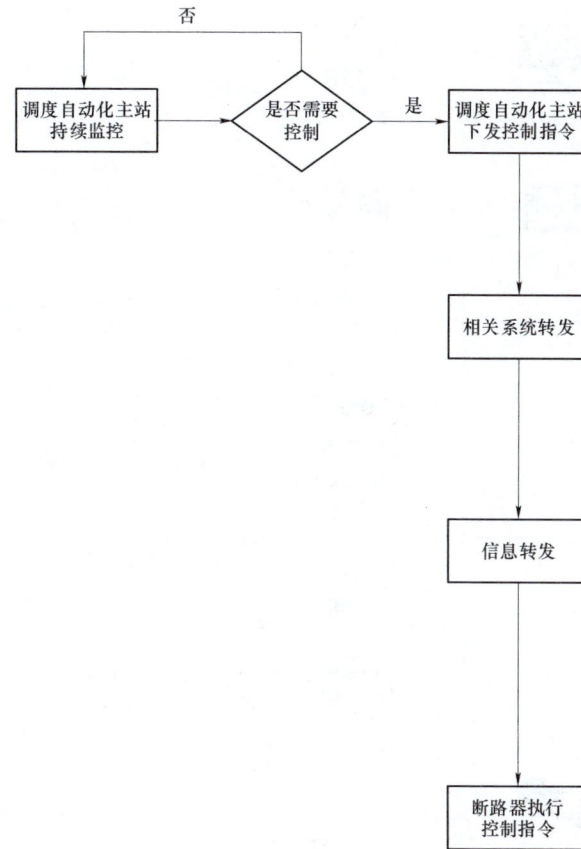

图 4.1-11　监控配置方案一示意图（T-1-11）

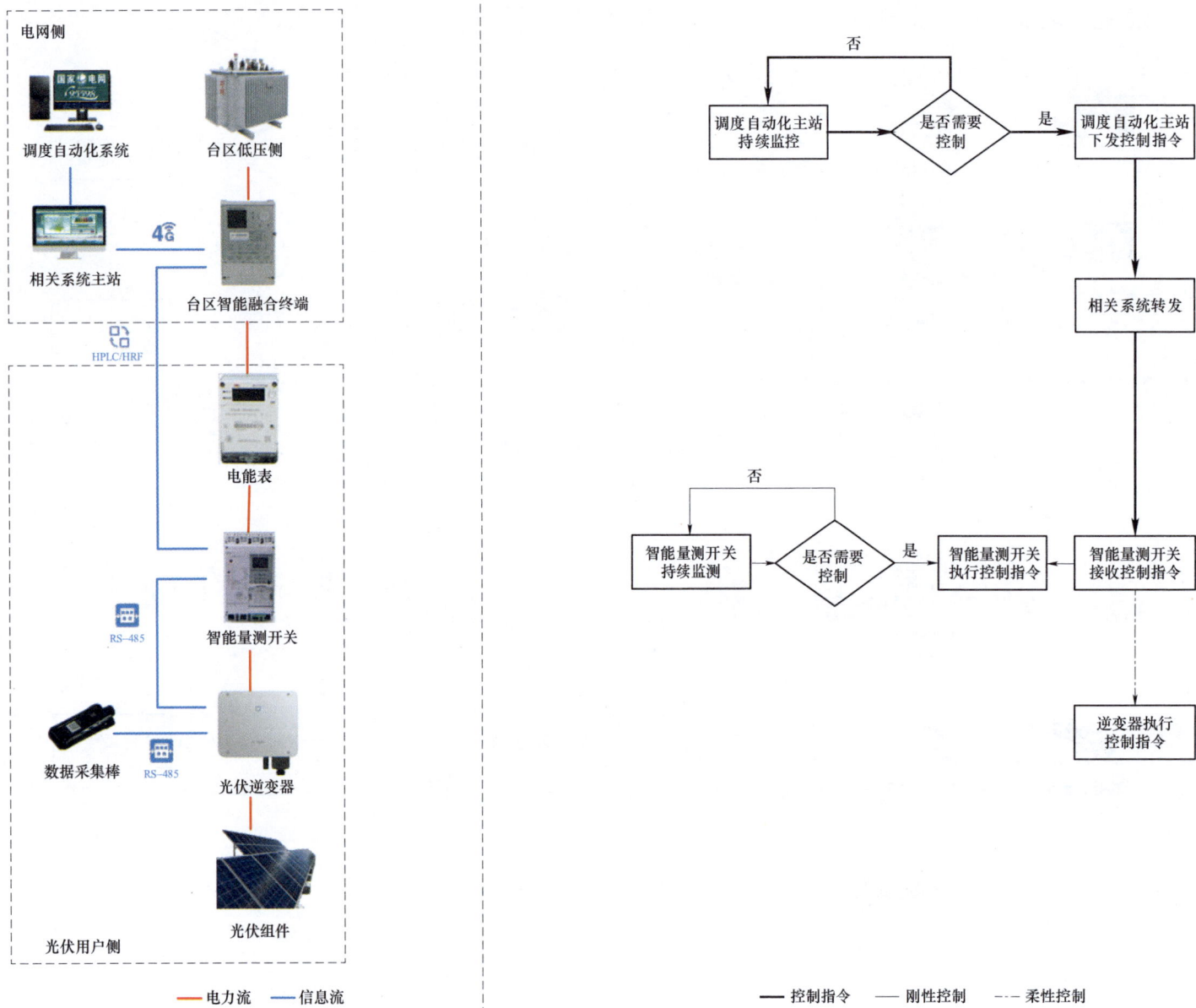

左侧系统图标注：

电网侧

- 调度自动化系统
- 台区低压侧
- 相关系统主站 —— 4G —— 台区智能融合终端
- HPLC/HRF
- 电能表
- RS-485 —— 智能量测开关
- 数据采集棒 —— RS-485 —— 光伏逆变器
- 光伏组件

光伏用户侧

—— 电力流　—— 信息流

右侧流程图标注：

否

调度自动化主站持续监控 → 是否需要控制 —是→ 调度自动化主站下发控制指令

相关系统转发

否

智能量测开关持续监测 → 是否需要控制 —是→ 智能量测开关执行控制指令　智能量测开关接收控制指令

逆变器执行控制指令

—— 控制指令　—— 刚性控制　--- 柔性控制

图 4.1-12　监控配置方案二示意图（T-1-12）

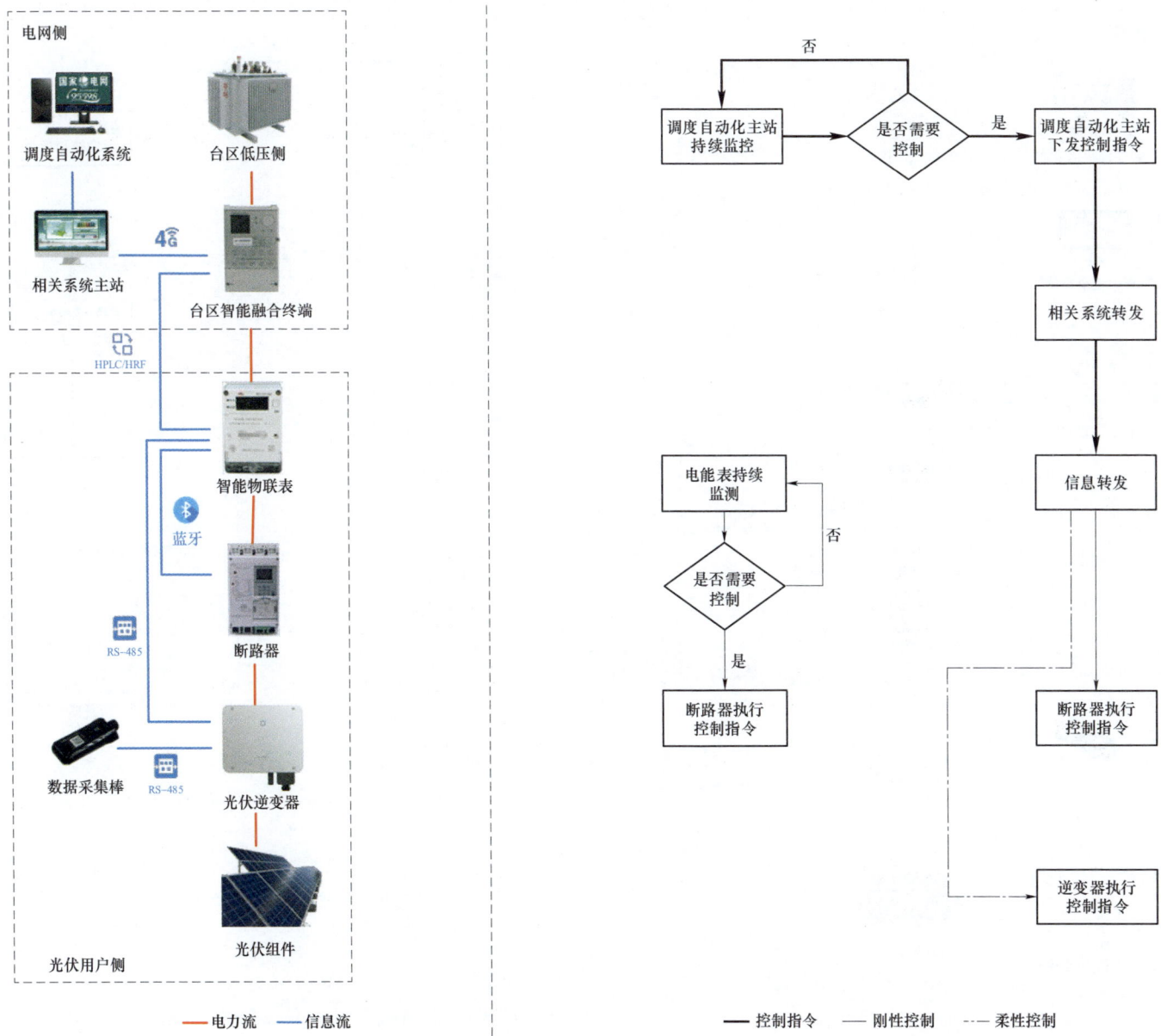

电网侧

调度自动化系统

台区低压侧

相关系统主站

4G

台区智能融合终端

HPLC/HRF

智能物联表

蓝牙

RS-485

断路器

数据采集棒

RS-485

光伏逆变器

光伏组件

光伏用户侧

—— 电力流 —— 信息流

否

调度自动化主站持续监控 → 是否需要控制 —是→ 调度自动化主站下发控制指令

相关系统转发

信息转发

电能表持续监测

否

是否需要控制

是

断路器执行控制指令

断路器执行控制指令

逆变器执行控制指令

—— 控制指令 —— 刚性控制 ---- 柔性控制

图 4.1-13　监控配置方案三示意图（T-1-13）

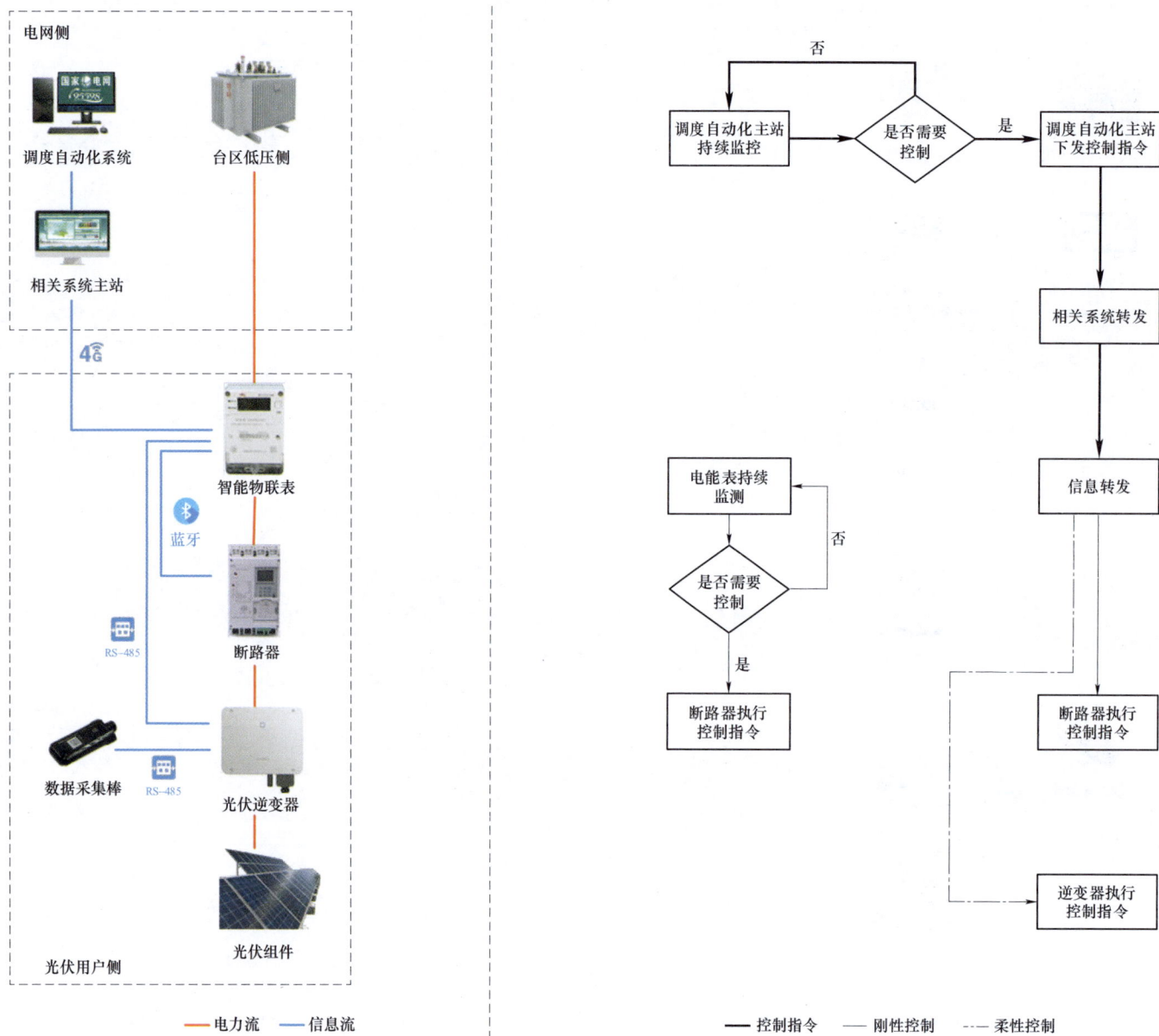

电网侧

调度自动化系统

台区低压侧

相关系统主站

4G

智能物联表

蓝牙

断路器

数据采集棒   RS-485

RS-485

光伏逆变器

光伏组件

光伏用户侧

—— 电力流   —— 信息流

否

调度自动化主站持续监控 → 是否需要控制 → 是 → 调度自动化主站下发控制指令

相关系统转发

电能表持续监测

否

是否需要控制

是

信息转发

断路器执行控制指令

断路器执行控制指令

逆变器执行控制指令

—— 控制指令   —— 刚性控制   ---- 柔性控制

图 4.1-14　监控配置方案四示意图（T-1-14）

4.2 接入用户配电箱或用户配电室、箱式变压器、柱上变 380V 母线方案典型设计（GF0.4-Z-1）

4.2.1 方案概述

该方案为光伏接入系统典型设计方案，方案号为 GF0.4-Z-1。

a）适用范围。适用于 380/220V 余电上网（接入用户电网）的分布式光伏项目。

b）参考容量。单个并网点装机容量不大于 0.4MW。

c）方案描述。分布式光伏逆变后汇集，经 1 回线路接入用户配电箱或用户配电室、箱式变压器、柱上变压器 380V 母线，建议接入容量不大于 0.4MW。当接入容量小于 100kW，应充分利用下户线资源，采用低压线路分散接入用户低压母线或线路。当接入容量为 8kW 及以下时，可单相接入用户内部。

4.2.2 接入系统一次

光伏电站接入系统方案需结合电网规划、分布式电源规划，按照就近分散接入，就地平衡消纳的原则进行设计。

4.2.2.1 送出方案

方案通过 1 回线路接入用户配电箱或用户配电室、箱式变压器、柱上变压器 380V 母线，主要适用于余电上网（接入用户电网）的光伏电站，公共连接点为用户配电箱或用户配电室、箱式变压器、柱上变压器 380V 母线，单个并网点参考装机容量 0.4MW 及以下。当接入容量小于 100kW，应充分利用下户线资源，采用低压线路分散接入用户低压母线或线路。当接入容量为 8kW 及以下时，可单相接入用户内部。一次系统接线示意图见图 4.2-1。

4.2.2.2 电气计算

（1）潮流分析。本方案设计中应对设计水平年有代表性的正常最大、最小负荷运行方式，检修运行方式，以及事故运行方式进行分析，必要时进行潮流计算。

（2）短路电流计算。计算设计水平年系统最大运行方式下，电网公共连接点和光伏电站并网点在光伏电站接入前后的短路电流，为电网相关厂站及光伏

电站的开关设备选择提供依据。如短路电流超标，应提出相应控制措施。当无法确定光伏逆变器具体短路特征参数情况下，考虑一定裕度，光伏发电提供的短路电流按照 1.5 倍额定电流计算。

（3）电能质量分析。

1）光伏发电系统向当地交流负荷提供电能和向电网送出电能的质量，在谐波、电压偏差、电压不平衡、电压波动等方面，满足现行国家标准 GB/T 14549《电能质量　公共电网谐波》、GB/T 12325《电能质量　供电电压偏差》、GB/T 15543《电能质量　三相电压不平衡》、GB/T 12326《电能质量　电压波动和闪变》的有关规定；

2）光伏发电系统向公共连接点注入的直流电流分量不应超过其交流额定值的 0.5%。

（4）无功平衡计算。光伏电站应保证并网点处功率因数在 0.95 以上。

4.2.3 主要设备选择原则

（1）主接线。380V 采用单元或单母线接线。

（2）送出线路导线截面。光伏电站送出线路导线截面选择应遵循以下原则：

1）光伏电站送出线路导线截面选择需根据所需送出的容量、并网电压等级选取，并考虑分布式电源发电效率等因素；

2）光伏电站送出线路导线截面一般按持续极限输送容量选择。

（3）开断设备。本方案应安装易操作、具有明显开断指示、可开断故障电流能力，具备失压跳闸、低电压闭锁合闸等功能的断路器。根据短路电流水平选择设备开断能力，并留有一定裕度，应具备电源端与负荷端反接能力。与电能表配套实现并离网控制的断路器，应同时满足 Q/GDW 11421—2020《电能表外置断路器技术规范》技术要求。

4.2.4 电气主接线

电气主接线方案见图 4.2-2。

4.2.5 系统对光伏电站的技术要求

4.2.5.1 电能质量

由于光伏发电系统出力具有波动性和间歇性，另外光伏发电系统通过逆变器将太阳能电池方阵输出的直流转换交流供负荷使用，含有大量的电力电子设备，接入配电网会对当地电网的电能质量产生一定的影响，包括谐波、

电压偏差、电压波动、电压不平衡度和直流分量等方面。为了能够向负荷提供可靠的电力，由光伏发电系统引起的各项电能质量指标应该符合相关标准的规定。

（1）谐波。光伏电站接入电网后，公共连接点的谐波电压应满足 GB/T 14549《电能质量　公共电网谐波》的规定。

光伏电站接入电网后，公共连接点处的总谐波电流分量（方均根）应满足 GB/T 14549《电能质量　公共电网谐波》的规定，详见附录 A。

其中光伏电站向电网注入的谐波电流允许值按此光伏电站安装容量与其公共连接点的供电设备容量之比进行分配。

（2）电压偏差。光伏电站接入电网后，公共连接点的电压偏差应满足 GB/T 12325《电能质量　供电电压偏差》的规定，380V 三相供电电压偏差为标称电压的 ±7%。

（3）电压波动。光伏电站接入电网后，公共连接点的电压波动应满足 GB/T 12326《电能质量　电压波动和闪变》的规定。对于光伏电站出力变化引起的电压变动，其频度可以按照 $1 < r \leqslant 10$（每小时变动的次数在 10 次以内）考虑，因此光伏电站接入引起的公共连接点电压变动最大不得超过 3%。

（4）电压不平衡度。光伏电站接入电网后，公共连接点的三相电压不平衡度应不超过 GB/T 15543《电能质量　三相电压不平衡》规定的限值，公共连接点的负序电压不平衡度应不超过 2%，短时不得超过 4%；其中由光伏电站引起的负序电压不平衡度应不超过 1.3%，短时不超过 2.6%。

（5）直流分量。光伏电站向公共连接点注入的直流电流分量不应超过其交流额定值的 0.5%。

4.2.5.2　电压异常时的响应特性

本方案光伏电站应按照附录 B 要求的时间停止向电网线路送电，此要求适用于三相系统中的任何一相。

4.2.5.3　频率异常时的响应特性

本方案应具备一定的耐受系统频率异常的能力，应能够在附录 C 所示电网频率偏离下运行。

4.2.6　接入系统二次

接入系统二次部分根据系统一次接入方案，结合有关现状进行设计，包括系统继电保护及安全自动装置、系统调度自动化、系统通信。

4.2.6.1　系统继电保护及安全自动装置

配置及选型如下：

（1）380/220V 线路保护。本方案并网点及公共连接点的断路器应具备短路瞬时、长延时保护功能和分励脱扣等功能，应配置失压跳闸及低压闭锁合闸功能，同时应配置剩余电流保护装置。线路发生各种类型短路故障时，线路保护能快速动作，瞬时跳开断路器，满足全线故障时快速可靠切除故障的要求。断路器还应具备反映故障及运行状态辅助接点。

（2）母线保护。本方案 380V 不配置母线保护。

（3）安全自动装置。380V 电压等级不配置防孤岛检测及安全自动装置，采用具备防孤岛能力的逆变器。

逆变器必须具备快速监测孤岛且监测到孤岛后立即断开与电网连接的能力。

（4）10kV 侧校验。本方案为余量上网模式，需要校验 10kV 侧的相关保护与安全自动装置是否满足光伏电站接入要求。若能满足接入的要求，予以说明即可。若不能满足光伏电站接入方案的要求，则 10kV 侧的相关保护与安全自动装置需要按照光伏发电接入 10kV 相应方案进行配置。

4.2.6.2　系统调度自动化及通信

（1）调度关系及调度管理。本方案光伏电站模式为余量上网，调度管理关系根据相关电力系统调度管理规定、调度管理范围划分原则确定，远动信息的传输原则根据调度运行管理关系确定。

（2）相关配置方案。

1）监控配置方案。根据相关技术原则，通过 380/220V 电压等级接入的分布式光伏的监控方式可根据各地区现有主站系统现状、光伏开发模式，因地制宜选取，宜采用群调群控方式。本书所述及的典型设计结合目前分布式光伏试点监控实现方式，罗列了 4 种监控配置方案。设计建设过程中也可结合区域情况、技术现状对方案进行优化。涉控设备的位置可以根据实际情况选择并网点或产权分界点。

a. 方案一：依托集中器、断路器实现刚性控制配置方案。

集中器远程通过满足安全防护要求的无线公网等方式与相关系统主站通信，本地通过 HPLC/双模与电能表通信，电能表通过蓝牙（低压控制回路）等方式与光伏并网断路器通信，实现光伏发电并离网刚性控制。

与电能表配套实现并离网控制的断路器，应同时满足 Q/GDW 11421—2020《电能表外置断路器技术规范》技术要求。

此方案可满足集中器覆盖台区的分布式光伏刚性控制需求。

b. 方案二：依托智能融合终端、智能量测开关实现柔性控制配置方案。

智能融合终端远程通过满足安全防护要求的无线公网等方式与相关系统主站通信，本地通过 HPLC/双模与智能量测开关通信。智能量测开关通过 RS-485 等方式与光伏电站信息采集器或逆变器通信。

智能量测开关应集成断路器、HPLC、协议转换、电能质量监测等功能。通过智能量测开关实现光伏信息采集及出力柔性控制。

此方案可满足智能融合终端覆盖台区的分布式光伏监测、出力柔性控制及并离网刚性控制需求。

c. 依托智能融合终端、智能物联表、断路器实现柔性控制配置方案。

智能融合终端远程通过满足安全防护要求的无线公网等方式与相关系统主站通信，本地通过 HPLC/双模与智能物联表通信。智能物联表通过蓝牙等方式与光伏并网断路器通信，通过 RS-485 等方式与光伏电站信息采集器或逆变器通信。

智能物联表应配置 HPLC、协议转换、电能质量监测等模块，光伏并网断路器应具备遥控功能。通过智能物联表实现光伏信息采集及出力柔性控制，通过光伏并网断路器实现并离网刚性控制。

此方案可满足智能融合终端覆盖台区的分布式光伏监测及出力柔性控制需求。

d. 依托具有远程通信功能的智能物联表、断路器实现柔性控制配置方案。

具有远程通信功能的智能物联表远程通过满足安全防护要求的无线公网等方式与相关系统主站通信，本地通过蓝牙等方式与光伏并网断路器通信，通过 RS-485 等方式与光伏电站信息采集器或逆变器通信。

智能物联表应配置远程通信、HPLC、协议转换、电能质量监测等模块，断路器应具备遥控功能。通过智能物联表实现光伏信息采集及出力柔性控制，通过光伏并网断路器实现并离网刚性控制。

此方案可满足智能融合终端未覆盖台区的分布式光伏监测、出力柔性控制及并离网刚性控制需求。

2）电能量计量。本方案除单套设置并网电能表外，还应设置关口计量电能表。

a. 安装位置。并网电能表设在并网点，关口计量电能表设在产权分界点。

b. 技术要求。关口计量点按单表设计，关口计量点电能表准确度等级不应低于有功 0.5S 级，无功 2.0 级，电压互感器的准确度应为 0.2 级，电流互感器准确度不应低于 0.5S 级。

电能表采用静止式多功能电能表，至少应具备双向有功和四象限无功计量功能、事件记录功能，应具备电流、电压、电量等信息采集和三相电流不平衡监测功能，配有标准通信接口，具备本地通信和通过电能信息采集终端远程通信的功能，电能表通信协议符合 DL/T 645。计量表采集信息应接入网管理部门电能信息采集系统，作为电能量计量和电价补贴依据。

各表计信息统一汇集至计量终端服务器。

（3）主要设备材料。系统调度自动化及通信配置清单详见表 4.2-1。

表 4.2-1　　　　　　　系统调度自动化及通信配置清单

场所	设备名称	型号及规格	数量	单位	备注
光伏电站	并网电能表*		1	块	含电能质量监测功能
	无线采集终端*		1	套	
	电能计量箱		1	台	
	断路器*		1	台	具备远程控制功能，与一次设备集成
	智能量测开关*		1	台	与一次设备集成
	智能物联表*		1	台	与计量电能表集成
箱式变压器或配电室	关口计量电能表*		1	块	
	无线采集终端*		1	套	

注：标"*"设备根据工程实际需求进行配置。

GF0.4-Z-1 方案设计图清单见表 4.2-2。

表 4.2-2　　　　　　　**GF0.4-Z-1方案设计图清单**

图序	图名	图纸编号
图 4.2-1	一次系统接线示意图	Z-1-01
图 4.2-2	电气主接线图	Z-1-02
图 4.2-3	光伏并网接入箱电气接线图	Z-1-03
图 4.2-4	光伏并网接入箱布置加工图	Z-1-04
图 4.2-5	电缆接入用户柱上变压器 JP 柜安装示意图	Z-1-05
图 4.2-6	架空接入用户柱上变压器 JP 柜安装示意图	Z-1-06
图 4.2-7	接入用户配电箱安装示意图	Z-1-07

图序	图名	图纸编号
图 4.2-8	接入公共配电室安装示意图	Z-1-08
图 4.2-9	接入公共箱式变压器安装示意图	Z-1-09
图 4.2-10	监控配置方案一示意图	Z-1-10
图 4.2-11	监控配置方案二示意图	Z-1-11
图 4.2-12	监控配置方案三示意图	Z-1-12
图 4.2-13	监控配置方案四示意图	Z-1-13

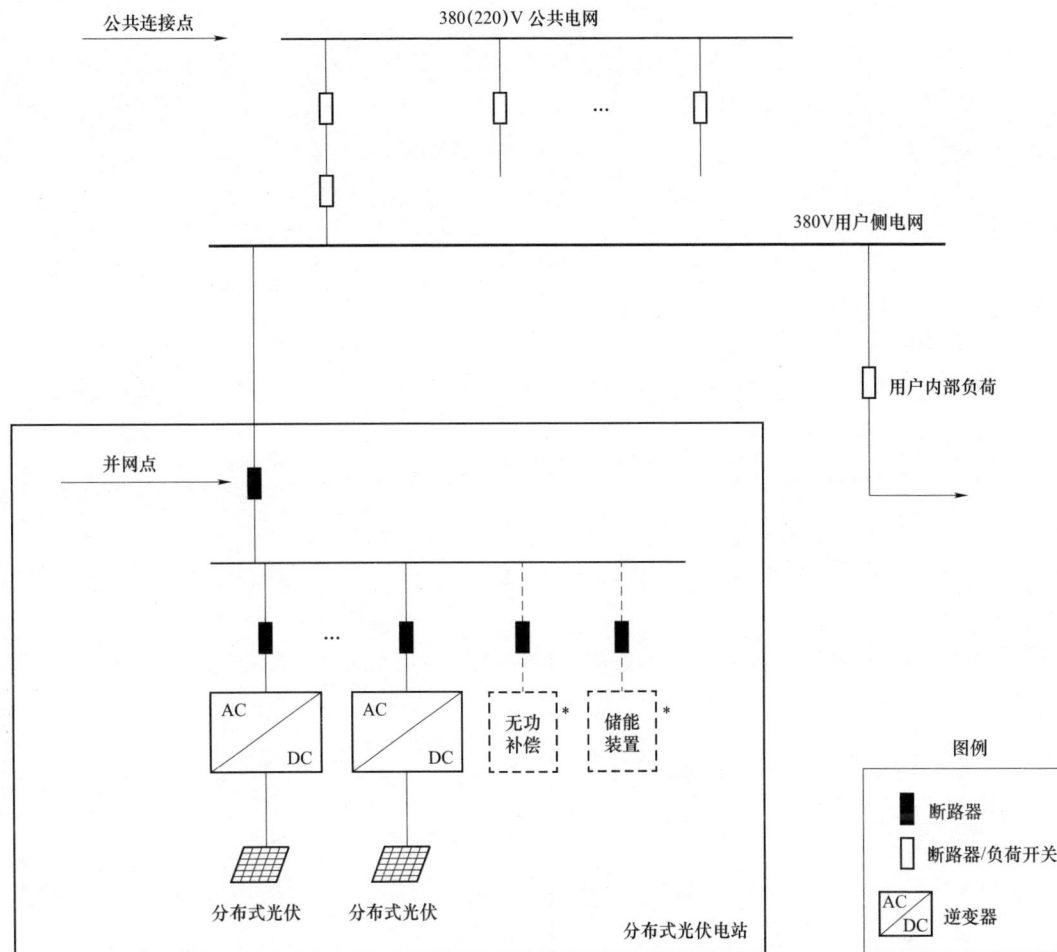

图 4.2-1　一次系统接线示意图（Z-1-01）

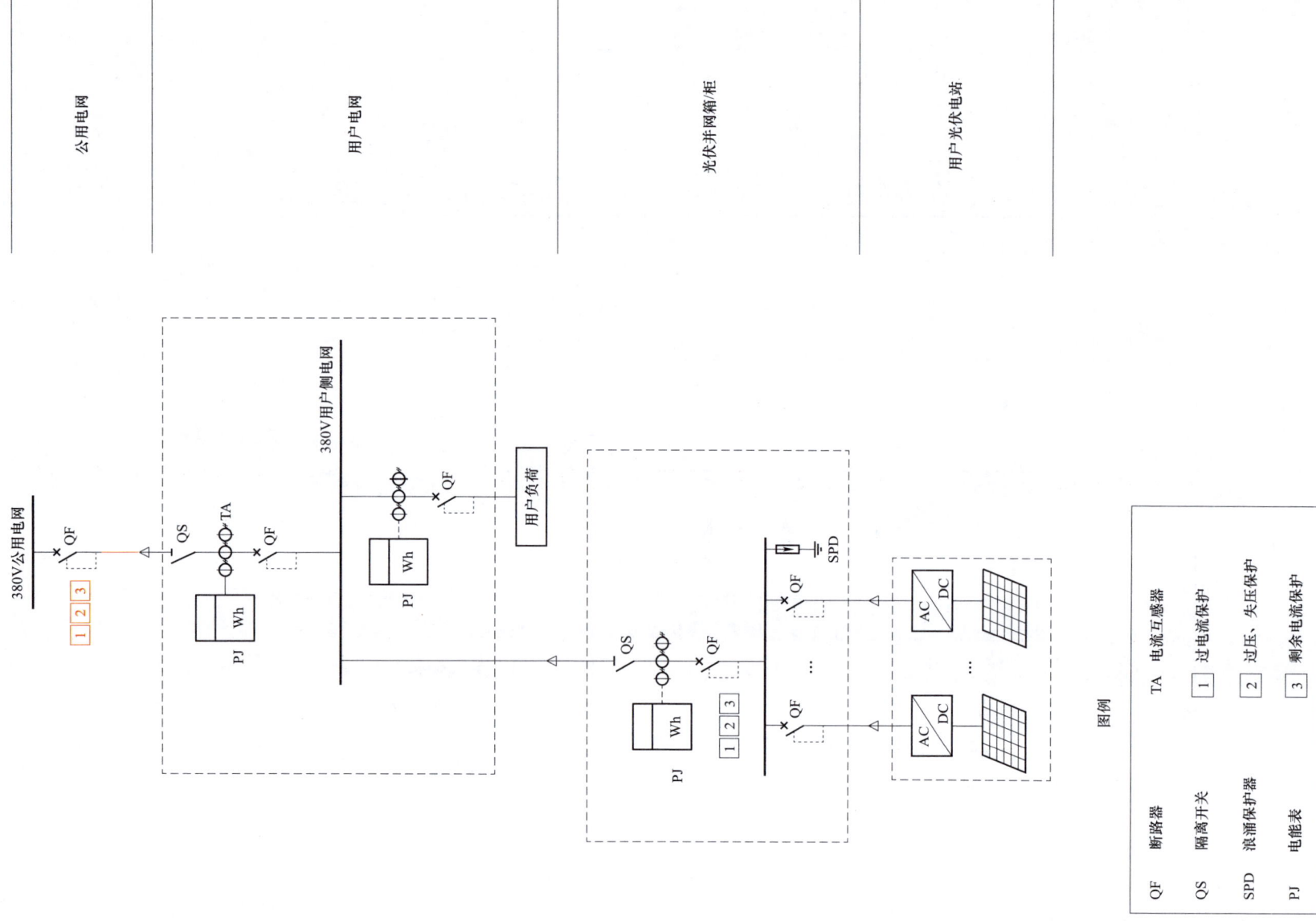

图 4.2-2 电气主接线图（Z-1-02）

公用电网

用户电网

光伏并网箱/柜

用户光伏电站

380V公用电网

380V用户侧电网

用户负荷

图例

QF	断路器		TA	电流互感器
QS	隔离开关		1	过电流保护
SPD	浪涌保护器		2	过压、失压保护
PJ	电能表		3	剩余电流保护

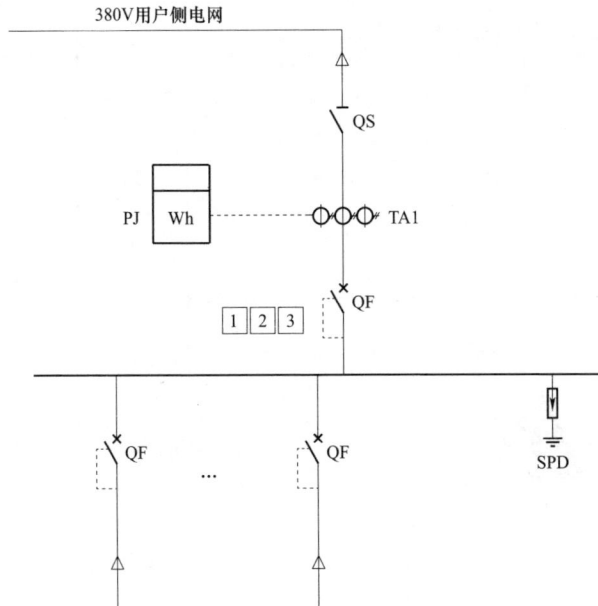

主要设备材料表

序号	代号	名称	规格和型号	单位	数量	备注
1	QS	熔断器式隔离开关	630A（800A）	个	1	
2	TA1	电流互感器	计量用 0.5S 级	只	3	可选
3		电能表			1	可选
4	SPD	浪涌保护器	T1 级	套	1	
5	QF	并网专用断路器（带剩余电流动作保护）	630A/3P＋N	块	1	按实际需求选择
6	QF	并网专用断路器（带剩余电流动作保护）	400A/3P＋N	台	1	按实际需求选择
7	QF	并网专用断路器（带剩余电流动作保护）	400A/3P＋N	台	1	按实际需求选择

说明：1. 新增光伏并网柜加装防孤岛装置；柜内计量互感器变比需经当地供电局核定，电能计量表计由当地供电局配置。

2. 并网点接入点公共连接点的专用断路器应具备短路瞬时、长延时保护功能和分励脱扣、失压跳闸、低压闭锁、欠压脱扣等功能，同时应配置剩余电流保护装置。线路发生各种类型短路故障时，线路保护能快速动作，瞬时跳开断路器，满足全线故障时快速可靠切除故障的要求。断路器还应具备反映故障及运行状态辅助触点的功能。

3. 每个低压并网点预留安装计量表位置 2 个及采集器位置，做铅封。

4. 在浪涌保护器前端串联 63A 断路器；连接铜导线截面不小于 16mm²。

5. 柜内二次接线由成套厂家深化设计，断路器二次接点全部上端子，端子排预留不少于 20%，设备出厂需附二次接线图及端子排图，现场接线由厂家指导安装。

6. 并网柜外壳采用镀锌钢板，厚度大于 2mm，防护等级不低于 IP54，并网柜地排与原用户接地系统可靠连接，并网柜外壳可靠接地。

7. 并网电能表及关口电能表均采用智能电能表，至少应具备双向有功和四象限无功计量功能，应具备电流、电压、电量等信息采集和三相电流不平衡监测功能，配有标准通信接口，具备本地通信和通过电能信息采集终端远程通信的功能。

图 4.2－3 光伏并网接入箱电气接线图（Z－1－03）

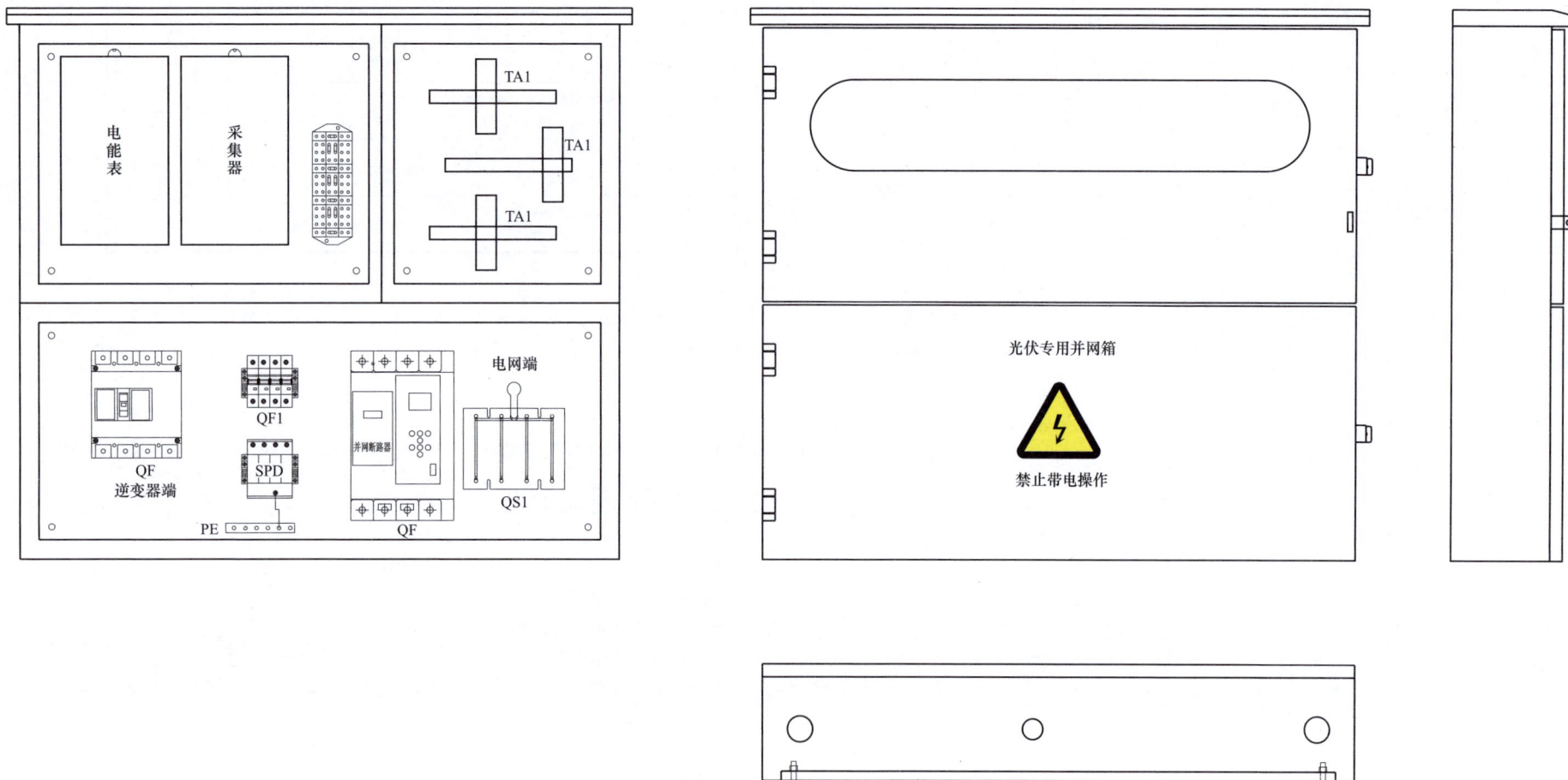

说明：1. 箱体外壳选用防腐蚀性材料，不锈钢或纤维增强型不饱和聚酯树脂材料（SMC）；采用不锈钢材料，应可靠接地，采用纤维增强型不饱和聚酯树脂材料（SMC）不接地。

2. 隔室之间需有隔板。

3. 进出线预留孔配橡胶圈，均为敲落孔。

图 4.2-4 光伏并网接入箱布置加工图（Z-1-04）

如选用带电装卸线夹的安装位置

接地线挂接点

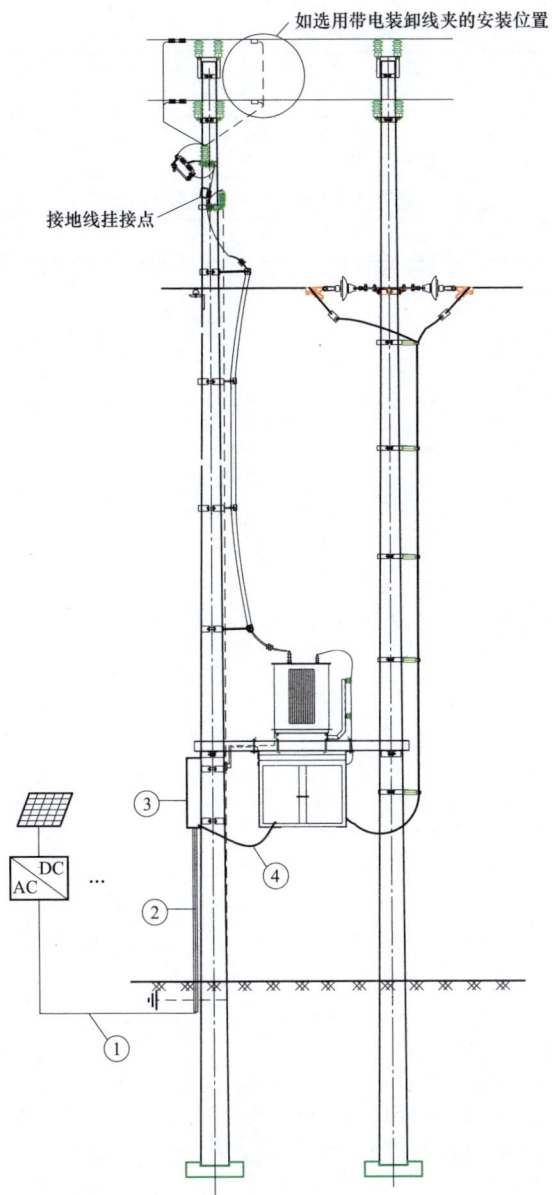

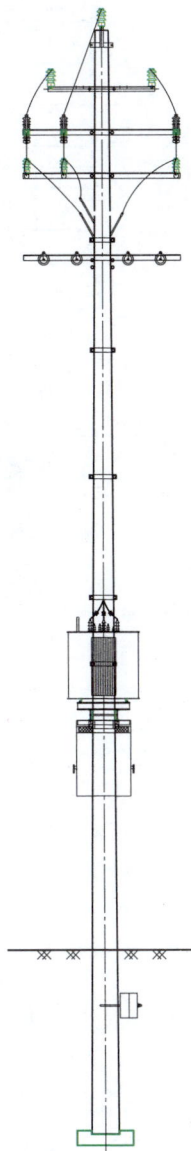

主 要 设 备 材 料 表

编号	设备名称	规格型号	单位	数量	备注
①	低压电缆（可选）	$ZC-YJV22-0.6/1kV-4\times70$	m	按需	以实际情况为准
②	电缆保护管（可选）	$\phi100$	m	2.5	以实际情况为准
③	光伏专用并网箱		台	1	含固定支架
④	低压电缆（可选）	$ZC-YJV-0.6/1kV-4\times120$	m	按需	以实际情况为准
⑤	布电线	$BV-35$	m	5	

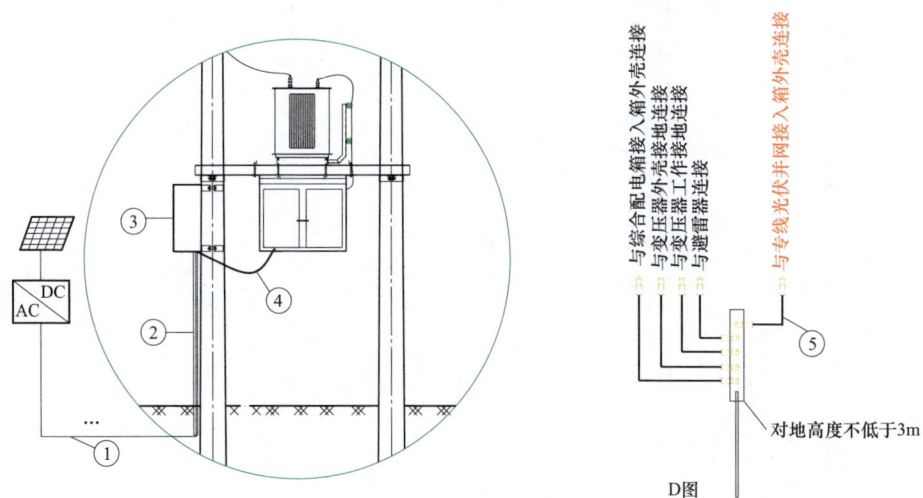

与综合配电箱接入箱外壳连接
与变压器外壳接地连接
与变压器工作接地连接
与避雷器连接
与专线光伏并网接入箱外壳连接

对地高度不低于3m

D图

说明：1. 本图采用专线电缆光伏并网接入箱型式。同时考虑电缆保护管的固定措施。

2. 绝缘穿刺接地线夹与熔断器上桩头间距应大于 700mm。

3. 熔断器和避雷器裸露部分需配绝缘罩。

4. 若采用 TT 接地系统，专变光伏并网接入箱外壳需单独接地。

5. 10kV 接地系统采用不接地、消弧线圈时，保护接地和工作接地按图所示汇集一点接地；
采用小电阻接地时，保护接地和工作接地需分开设置。

6. 专线光伏并网接入箱安装于光伏逆变器汇流点，本图专线接入并网箱安装于左侧电杆，
实际安装位置可根据现场条件进行调整。

图 4.2-5   电缆接入用户柱上变压器 JP 柜安装示意图（Z-1-05）

主 要 设 备 材 料 表

编号	设备名称	规格型号	单位	数量	备注
①	光伏专用并网箱		台	1	含固定支架
②	架空绝缘线（可选）	JKLYJ－1/70	m	按需	以实际情况为准
③	低压电缆（可选）	ZC－YJV－0.6/1kV－4×70	m	按需	以实际情况为准
④	电缆固定支架		套	5	

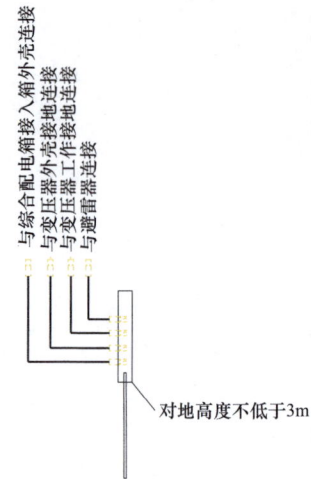

与综合配电箱接入箱外壳连接
与变压器外壳接地连接
与变压器工作接地连接
与避雷器连接

对地高度不低于3m

说明：1. 本图采用架空专线光伏并网接入箱型式。

2. 绝缘穿刺接地线夹与熔断器上桩头间距应大于700mm。

3. 熔断器和避雷器裸露部分需配绝缘罩。

4. 若采用TT接地系统，专变光伏并网接入箱外壳需单独接地。

5. 10kV接地系统采用不接地、消弧线圈时，保护接地和工作接地按图所示汇集一点接地；采用小电阻接地时，保护接地和工作接地需分开设置。

6. 专线光伏并网接入箱安装于光伏逆变器汇流点，实际安装位置可根据现场条件进行调整。

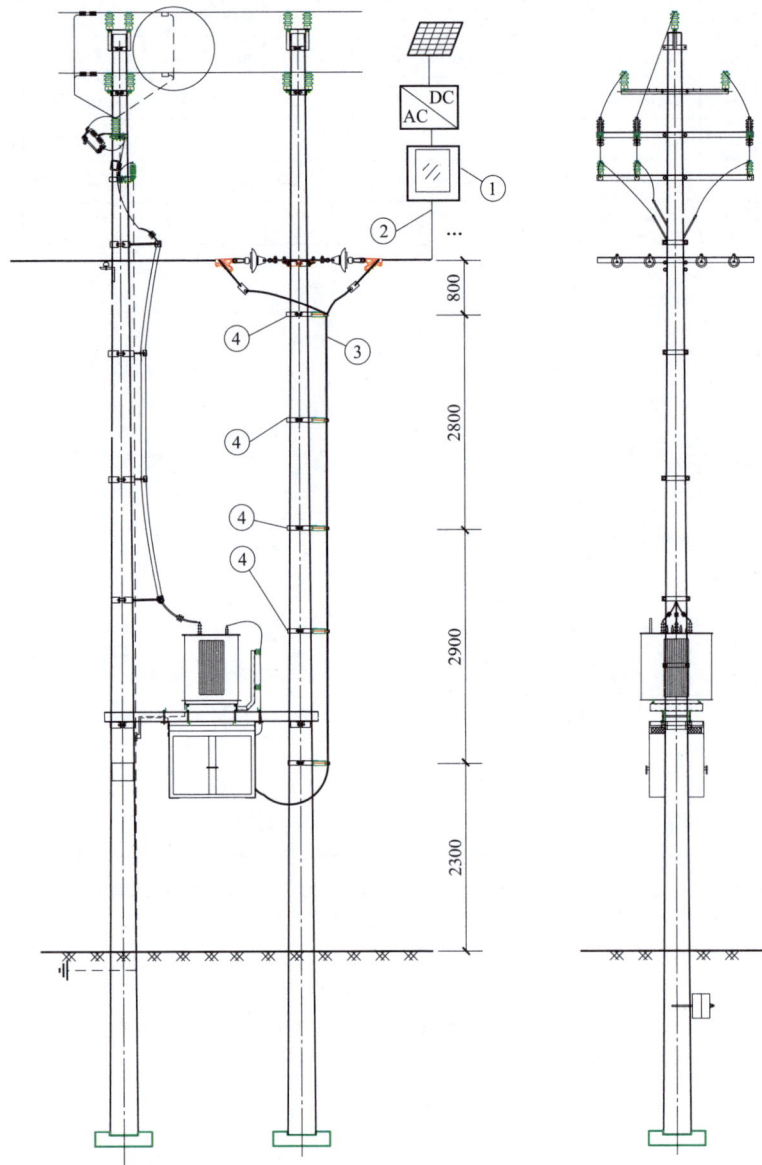

图 4.2－6　架空接入用户柱上变压器 JP 柜安装示意图（Z－1－06）

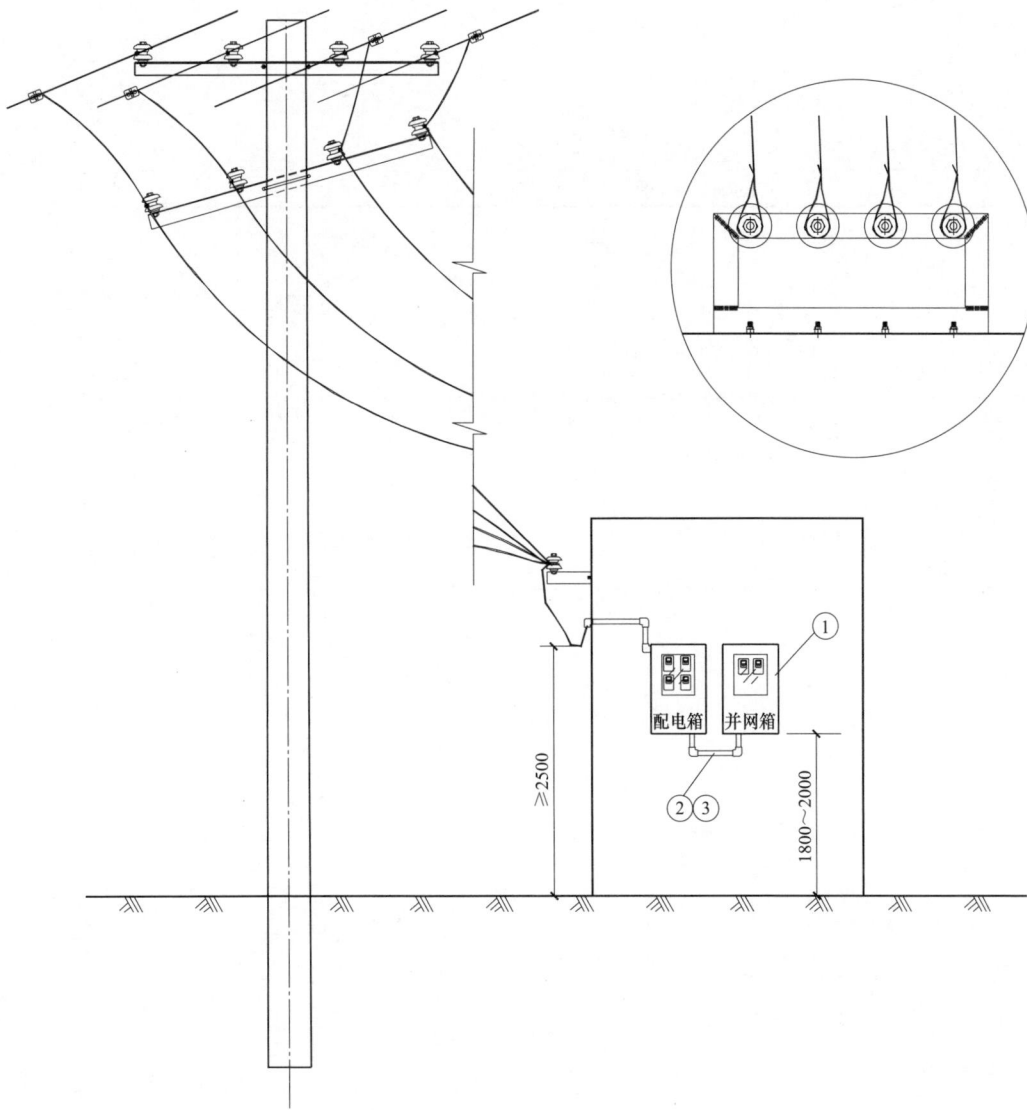

主 要 设 备 材 料 表

编号	材料名称	材料型号规格	单位	数量	备注
①	光伏并网箱			1	
②	保护管	$\phi 32$	m	按需	以实际情况为准
③	以实际情况为准	ZC－YJV－0.6/1kV－4×70	m	按需	

说明：1. 并沟线夹、绝缘子应根据导线截面进行调整。

2. 所有铁件均需热镀锌处理。

图 4.2－7　接入用户配电箱安装示意图（Z－1－07）

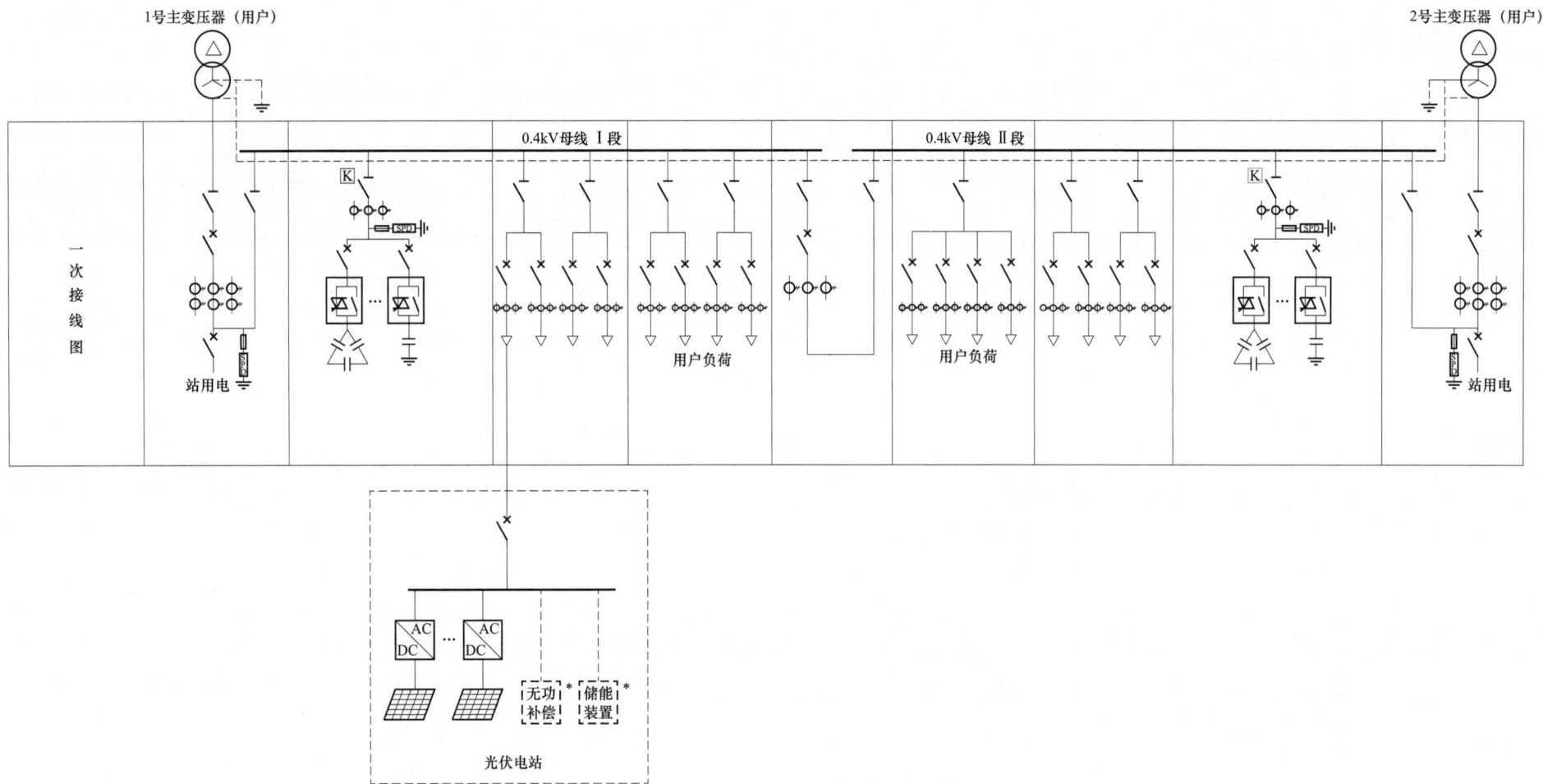

图 4.2 – 8　接入公共配电室安装示意图（Z – 1 – 08）

至 10kV电源

0.4kV母线

K

用户
负荷

用户
负荷

用户
负荷

用户
负荷

AC
DC

AC
DC

无功
补偿 *

储能
装置 *

光伏电站

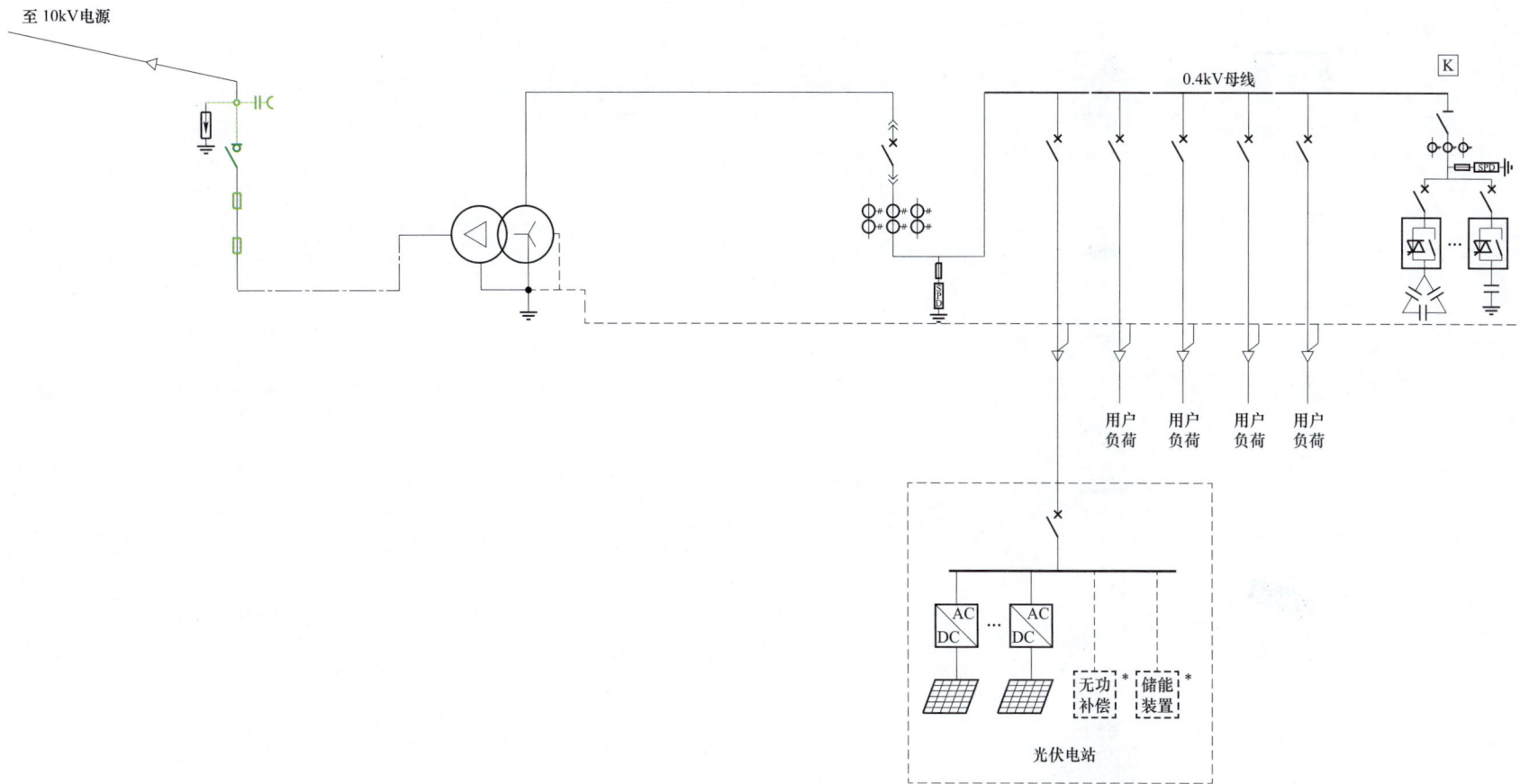

图 4.2 - 9　接入公共箱式变压器安装示意图（Z - 1 - 09）

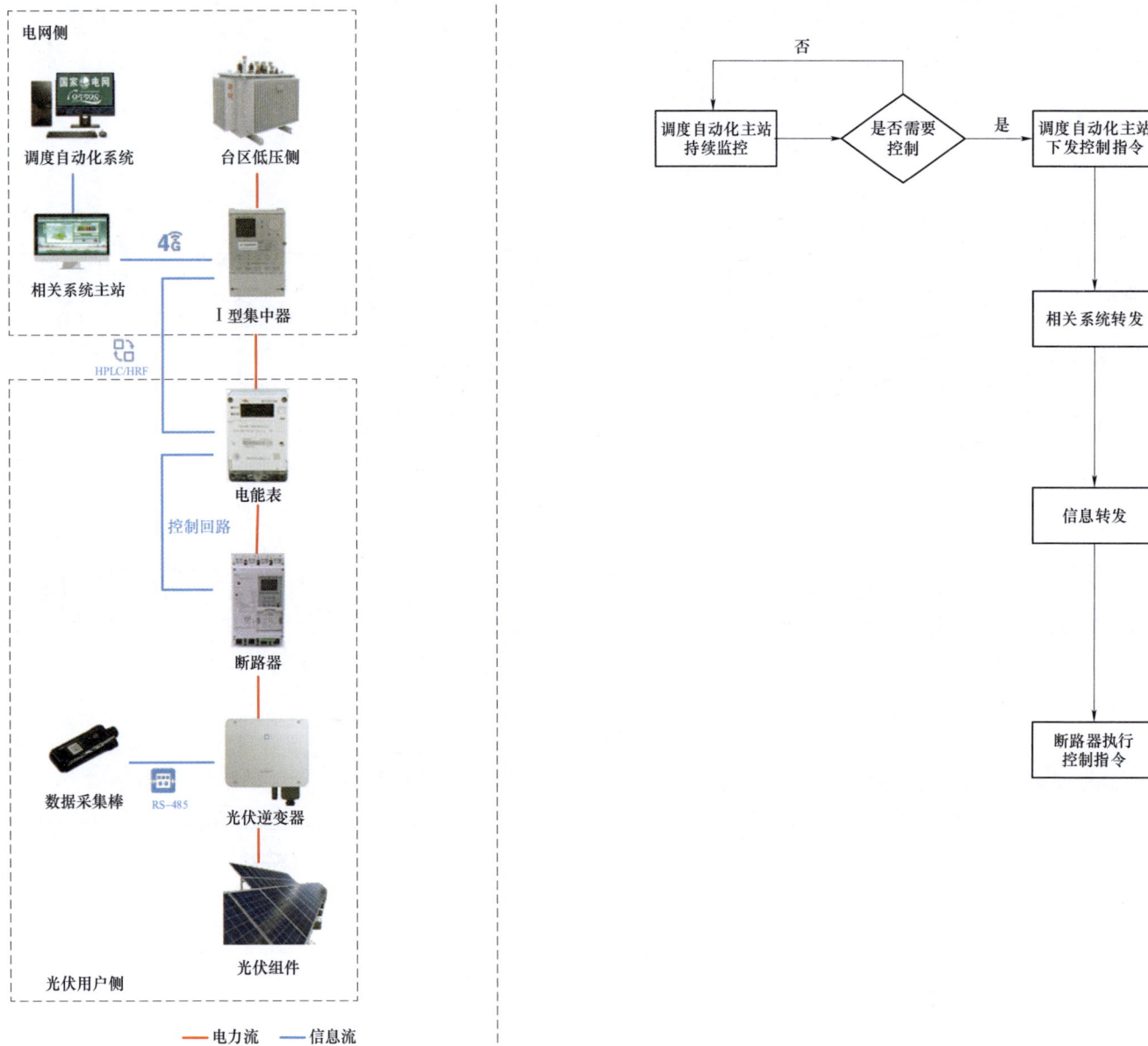

图 4.2-10 监控配置方案一示意图（Z-1-10）

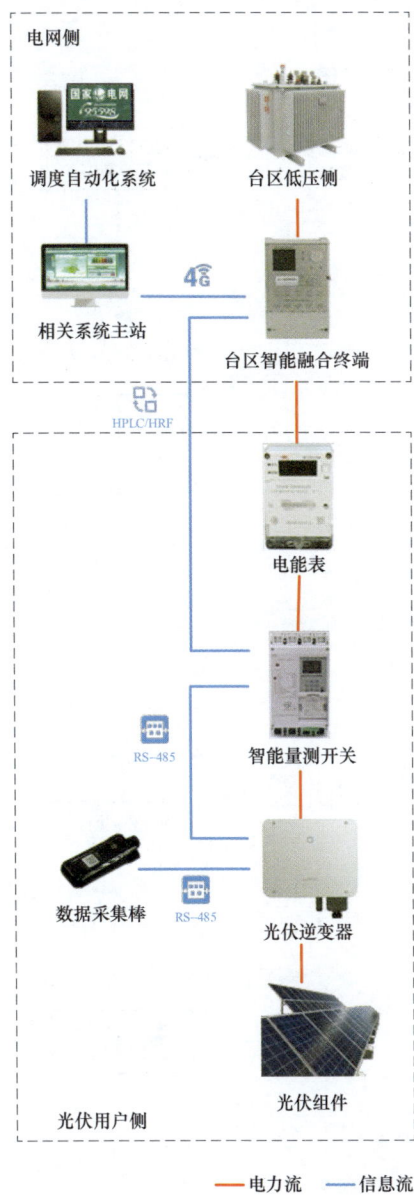

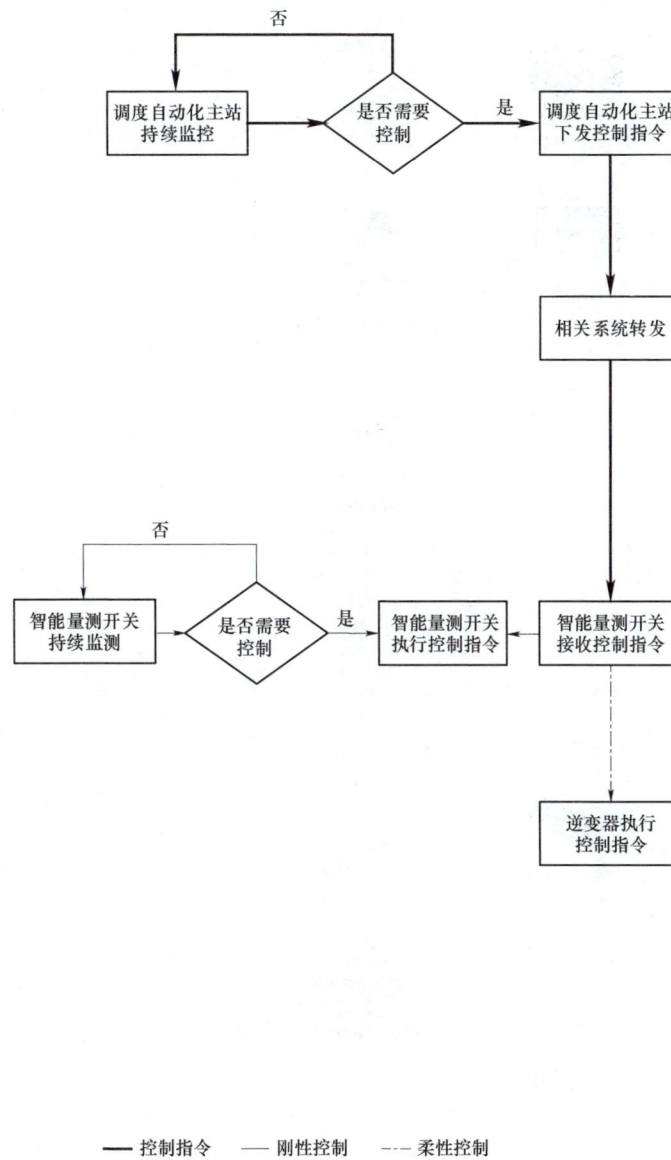

图 4.2-11 监控配置方案二示意图（Z-1-11）

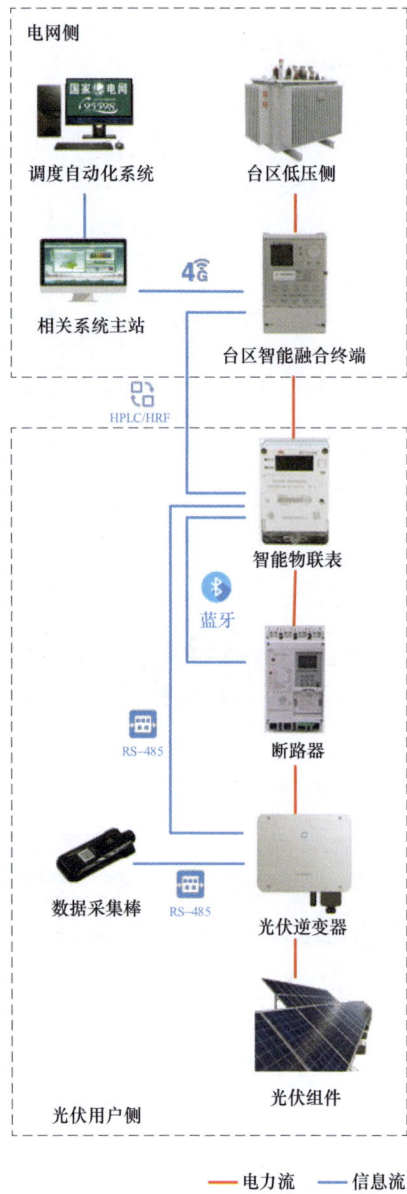

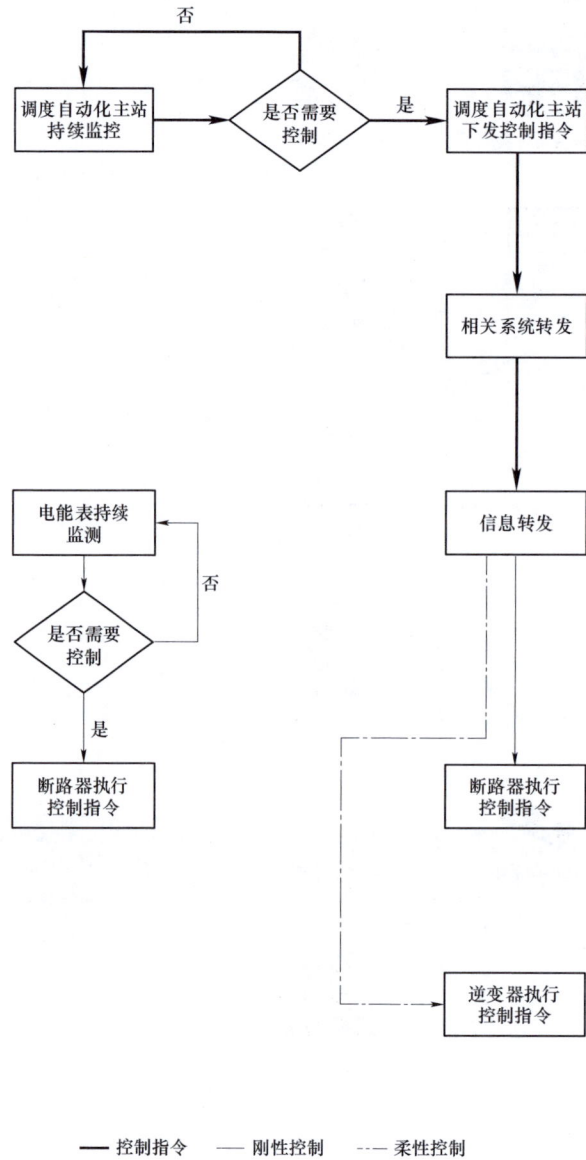

图 4.2-12　监控配置方案三示意图（Z-1-12）

电网侧

调度自动化系统

相关系统主站

4G

台区低压侧

智能物联表

蓝牙

断路器

数据采集棒   RS-485

RS-485

光伏逆变器

光伏组件

光伏用户侧

━ 电力流   ━ 信息流

否

调度自动化主站持续监控   是否需要控制   是   调度自动化主站下发控制指令

相关系统转发

电能表持续监测   否

信息转发

是否需要控制

是

断路器执行控制指令

断路器执行控制指令

逆变器执行控制指令

━ 控制指令   ─ 刚性控制   --- 柔性控制

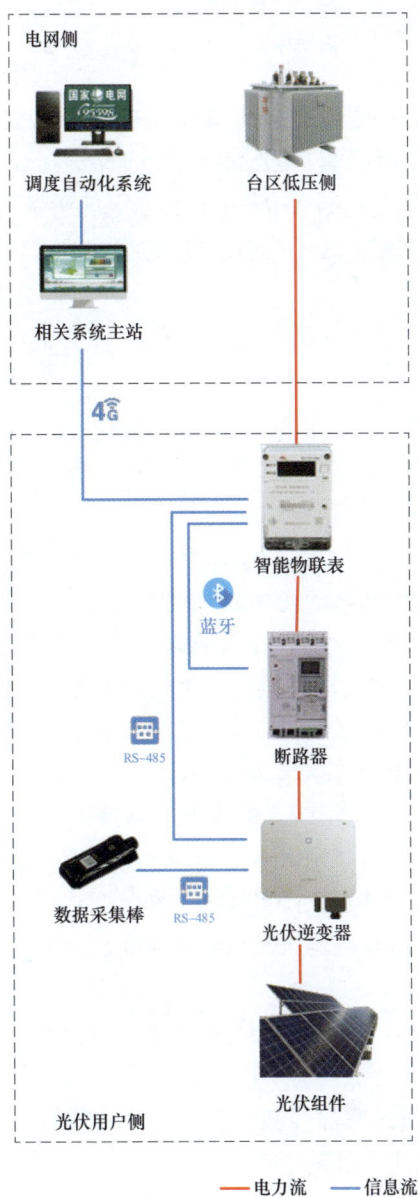

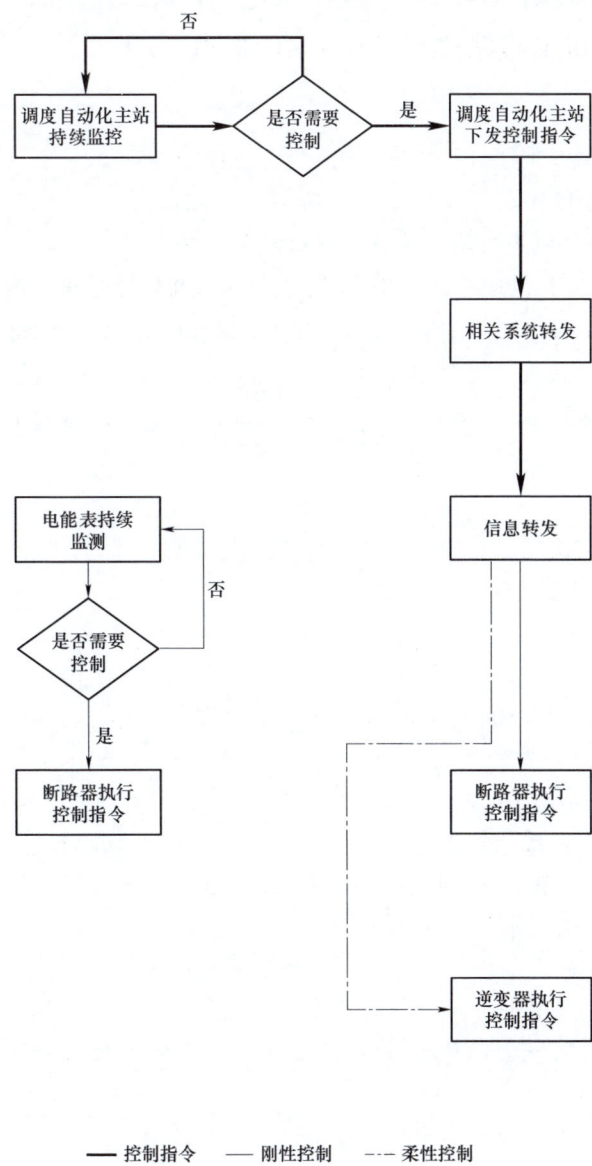

图 4.2-13 监控配置方案四示意图（Z-1-13）

4.3 接入公共电网开关站、环网室（箱）、配电室、箱式变压器 10kV 母线或 10kV 线路典型设计（GF10－T－1）

4.3.1 方案概述

该方案为光伏接入系统典型设计方案，方案号为 GF10－T－1。

a）适用范围。适用于 10kV 全额上网的分布式光伏项目。

b）参考容量。单个并网点装机容量 0.4～6MW。

c）方案描述。分布式光伏逆变后汇集升压，经 1 回 10kV 线路接入公共电网开关站、环网室（箱）、配电室、箱式变压器 10kV 母线或公共电网 10kV 线路。对于规模相对较大的项目，可采用先升压后汇集方式，经 1 回 10kV 线路接入公共电网开关站、环网室（箱）、配电室或箱式变压器 10kV 母线或 T 接公共电网 10kV 线路。

4.3.2 接入系统一次

光伏电站接入系统方案需结合电网规划、分布式光伏项目规划，按照就近分散接入，就地平衡消纳的原则进行设计。

4.3.2.1 送出方案

本方案通过 1 回线路接入公共电网开关站、环网室（箱）、配电室、箱式变压器 10kV 母线或公共电网 10kV 线路，主要适用于全额上网（接入公共电网）的光伏电站，公共连接点可为公共电网开关站、环网室（箱）、配电室或箱式变压器 10kV 母线或公共电网 10kV 线路，单个并网点参考装机容量 0.4～6MW。对于规模相对较大的项目，可采用先升压后汇集方式，经 1 回 10kV 线路接入公共电网开关站、环网室（箱）、配电室或箱式变压器 10kV 母线或 T 接公共电网 10kV 线路。一次系统接线示意图见图 4.3－1。

4.3.2.2 电气计算

（1）潮流分析。本方案设计中应对设计水平年有代表性的正常最大、最小负荷运行方式，检修运行方式，以及事故运行方式进行分析，必要时进行潮流计算。

（2）短路电流计算。计算设计水平年系统最大运行方式下，电网公共连接点和光伏电站并网点在光伏电站接入前后的短路电流，为电网相关厂站及光伏电站的开关设备选择提供依据。如短路电流超标，应提出相应控制措施。当无

法确定光伏逆变器具体短路特征参数情况下，考虑一定裕度，光伏发电提供的短路电流按照 1.5 倍额定电流计算。

（3）电能质量分析。

1）光伏发电系统向当地交流负荷提供电能和向电网送出电能的质量，在谐波、电压偏差、电压不平衡、电压波动等方面，满足现行国家标准 GB/T 14549《电能质量　公共电网谐波》、GB/T 12325《电能质量　供电电压偏差》、GB/T 15543《电能质量　三相电压不平衡》、GB/T 12326《电能质量　电压波动和闪变》的有关规定；

2）光伏发电系统向公共连接点注入的直流电流分量不应超过其交流额定值的 0.5%。

（4）无功平衡计算。

1）本方案光伏发电系统的无功功率和电压调节能力应满足相关标准的要求，选择合理的无功补偿措施；

2）光伏发电系统无功补偿容量的计算，应充分考虑逆变器功率因数、汇集线路、变压器和送出线路的无功损失等因素；

3）通过 10kV 电压等级并网的光伏发电系统功率因数应在 0.98 以上；

4）光伏电站配置的无功补偿装置类型、容量及安装位置应结合光伏发电系统实际接入情况确定，必要时安装动态无功补偿装置。

4.3.3 主要设备选择原则

（1）主接线。10kV 采用线变组或单母线接线。

（2）升压站主变压器。光伏电站内升压变压器容量一般按照光伏装机容量的 1～1.1 倍选取，电压等级为 10/0.4kV。当分布式光伏接入不能满足调压或电压质量要求时，可采用有载调压变压器。若变压器同时为负荷供电，可根据实际情况选择容量。

（3）送出线路导线截面。光伏电站送出线路导线截面选择应遵循以下原则：

1）光伏电站送出线路导线截面选择需根据所需送出的容量、并网电压等级选取，并考虑分布式电源发电效率等因素；

2）光伏电站送出线路导线截面一般按持续极限输送容量选择。

（4）开断设备。光伏电站并网点应安装易操作、可闭锁、具有明显开断点、

带接地功能、可开断故障电流的开断设备。

当光伏电站并网公共连接点配置负荷开关时，宜改造为断路器。

根据短路电流水平选择设备开断能力，并需留有一定裕度，一般不小于20kA。

4.3.4　电气主接线

电气主接线方案见图4.3-2。

4.3.5　系统对光伏电站的技术要求

4.3.5.1　电能质量

由于光伏发电系统出力具有波动性和间歇性，另外光伏发电系统通过逆变器将太阳能电池方阵输出的直流转换交流供负荷使用，含有大量的电力电子设备，接入配电网会对当地电网的电能质量产生一定的影响，包括谐波、电压偏差、电压波动、电压不平衡度和直流分量等方面。为了能够向负荷提供可靠的电力，由光伏发电系统引起的各项电能质量指标应该符合相关标准的规定。

（1）谐波。光伏电站接入电网后，公共连接点的谐波电压应满足 GB/T 14549《电能质量　公共电网谐波》的规定。

光伏电站接入电网后，公共连接点处的总谐波电流分量（方均根）应满足 GB/T 14549《电能质量　公共电网谐波》的规定，详见附录A，

其中光伏电站向电网注入的谐波电流允许值按此光伏电站安装容量与其公共连接点的供电设备容量之比进行分配。

（2）电压偏差。光伏电站接入电网后，公共连接点的电压偏差应满足 GB/T 12325《电能质量　供电电压偏差》的规定，10kV 三相供电电压偏差为标称电压的±7%。

（3）电压波动。光伏电站接入电网后，公共连接点的电压波动应满足 GB/T 12326《电能质量　电压波动和闪变》的规定。对于光伏电站出力变化引起的电压变动，其频度可以按照 $1 < r \leqslant 10$（每小时变动的次数在 10 次以内）考虑，因此光伏电站接入引起的公共连接点电压变动最大不得超过 3%。

（4）电压不平衡度。光伏电站接入电网后，公共连接点的三相电压不平衡度应不超过 GB/T 15543《电能质量　三相电压不平衡》规定的限值，公共连接点的负序电压不平衡度应不超过 2%，短时不得超过 4%；其中由光伏电站引起的负序电压不平衡度应不超过 1.3%，短时不超过 2.6%。

（5）直流分量。光伏电站向公共连接点注入的直流电流分量不应超过其交流额定值的 0.5%。

4.3.5.2　电压异常时的响应特性

本方案光伏电站应按照附录 B 要求的时间停止向电网线路送电，此要求适用于三相系统中的任何一相。

4.3.5.3　频率异常时的响应特性

本方案应具备一定的耐受系统频率异常的能力，应能够在附录 C 所示电网频率偏离下运行。

4.3.6　接入系统二次

接入系统二次部分根据系统一次接入方案，结合有关现状进行设计，包括系统继电保护及安全自动装置、系统调度自动化、系统通信。

4.3.6.1　系统继电保护及安全自动装置

配置及选型如下：

（1）10kV 线路保护。

1）配置原则。光伏电站线路发生短路故障时，线路保护能快速动作，瞬时跳开相应并网点断路器，满足全线故障时快速可靠切除故障的要求。

专线接入公网 10kV 母线时，可在 10kV 线路系统侧配置 1 套线路过电流保护或距离保护，光伏电站侧可不配线路保护，靠系统侧切除线路故障。

T 接入 10kV 公共线路时，为保证供电可靠性，减少停电范围，宜在光伏电站侧配置 1 套过电流保护反应内部故障。

当上述两种保护无法整定或配合困难以及对供电可靠性要求较高时，宜配置纵联电流差动保护。

2）技术要求。

a. 线路保护应适用于系统一次特性和电气主接线的要求。

b. 线路两侧纵联保护配置与选型应相互对应，保护的软件版本应完全一致。

c. 被保护线路在空载、轻载、满载等各种工况下，发生金属性和非金属性的各种故障时，线路保护应能正确动作。系统无故障、外部故障、故障转换、功率突然倒向以及系统操作等情况下保护不应误动。

d. 在本线发生振荡时保护不应误动，振荡过程中再故障时，应保证可靠切除故障。

e. 主保护整组动作时间不大于 20ms（不包括通道传输时间），返回时间不大于 30ms（从故障切除到保护出口接点返回）。

f. 手动合闸或重合于故障线路上时，保护应能可靠瞬时三相跳闸。手动合闸或重合于无故障线路时应可靠不动作。

g. 保护装置应具有良好的滤波功能，具有抗干扰和抗谐波的能力。在系统投切变压器、静止补偿装置、电容器等设备时，保护不应误动作。

（2）母线保护。

1）配置原则。若光伏电站侧为线变组接线，经升压变压器后直接输出，不配置母线保护。

对于设置 10kV 母线的光伏电站，10kV 母线保护配置应与 10kV 线路保护统筹考虑。当系统侧配置线路过电流或距离保护时，光伏电站侧不配置母线保护。当线路两侧配置线路纵联电流差动保护时，光伏电站侧宜相应配置保护装置，快速切除母线故障；如后备保护不能满足要求，也可配置专用母线保护，快速切除母线故障。

2）技术要求。

a. 母线保护接线应能满足终期规模电气一次接线的要求。

b. 母线保护应具有比率制动特性，以提高安全性。

c. 母线保护不应受电流互感器暂态饱和的影响而发生不正确动作，并应允许使用不同变比的电流互感器。

d. 母线保护不应因母线故障时流出母线的短路电流影响而拒动。

（3）安全自动装置。在光伏电站侧设置安全自动装置等设备，具备防孤岛保护功能及频率电压异常紧急控制功能。

光伏电站逆变器必须具备快速监测孤岛且监测到孤岛后立即断开与电网连接的能力，其防孤岛方案应与继电保护配置、安全自动装置配置和低电压穿越等相配合，时间上互相匹配。

（4）系统侧开关站、环网室（箱）、配电室、箱式变压器。

1）继电保护。校验系统侧开关站、环网室（箱）、配电室或箱式变压器的相关保护是否满足光伏电站接入要求。若能满足接入的要求，予以说明即可。若不能满足光伏电站接入方案的要求，则系统侧开关站、环网室（箱）、配电室或箱式变压器需要做相关保护配置方案。

2）其他要求。核实系统侧开关站、环网室（箱）、配电室或箱式变压器备自投方案、相关线路的重合闸方案，要求根据防孤岛检测方案，提出调整方案。

a. 光伏电站线路接入开关站、环网室（箱）、配电室或箱式变压器后，备

自投动作时间须躲过光伏电站防孤岛检测动作时间。

b. 要求线路重合闸动作时间需躲过安全自动装置动作时间。

（5）系统侧变电站。

1）线路保护。校验系统侧变电站的相关的线路保护是否满足光伏电站接入要求。若能满足接入的要求，予以说明即可。若不能满足光伏电站接入方案的要求，则系统侧变电站需要做相关的线路保护配置方案。

2）母线保护。校验系统侧变电站的母线保护是否满足接入方案的要求。若能满足接入的要求，予以说明即可。若不能满足光伏电站接入方案的要求，则系统侧变电站需要配置母线保护。

3）其他要求。核实系统侧变电站备自投方案、相关线路的重合闸方案，要求根据防孤岛检测方案，提出调整方案。

a. 光伏电站线路接入后，备自投动作时间须躲过光伏电站防孤岛检测动作时间。

b. 要求线路重合闸动作时间需躲过安全自动装置动作时间。

（6）对其他专业的要求。

1）对电气一次专业。系统继电保护应使用专用的电流互感器和电压互感器的二次绕组，电流互感器准确级宜采用 5P、10P 级，电压互感器准确级宜采用 0.5、3P 级。

2）对通信专业的要求。系统继电保护及安全自动装置要求提供足够的可靠的信号传输通道。

3）光伏电站内需具备直流电源和 UPS 电源，供新配置的保护装置、测控装置、电能质量在线监测装置等设备使用。

（7）其他要求。电源进线应设置断路器，所接入开关站、环网室（箱）、配电室或箱式变压器需同时具备电源和二次设备安装条件，若不具备，需要进行相应改造。

4.3.6.2 系统调度自动化

（1）调度关系及调度管理。调度管理关系根据相关电力系统调度管理规定、调度管理范围划分原则确定。远动信息的传输原则根据调度运行管理关系确定。

本方案光伏电站所发电量全部上网由电网收购，发电系统性质为公共光伏系统。

（2）配置及要求。

1）光伏电站远动系统。光伏电站本体远动系统功能宜由本体监控系统集成，本体监控系统具备信息远传功能；本体不具备条件时，独立配置远方终端，采集相关信息。

方案一：光伏电站本体配置监控系统，具备远动功能，有关光伏电站本体的信息的采集、处理采用监控系统来完成，该监控系统配置单套用于信息远传的远动通信服务器。

光伏电站监控系统实时采集并网运行信息，并上传至相关电网调度部门；配置远程遥控装置的分布式光伏，应能接收、执行调度端远方控制解并列、启停和发电功率的指令。

方案二：单独配置技术先进、易于灵活配置的 RTU（单套远动主机配置），需具备遥测、遥信、遥控、遥调及网络通信等功能，实时采集并网运行信息，主要包括并网点开关状态、并网点电压和电流、光伏发电系统有功功率和无功功率、光伏发电量等，并上传至相关电网调度部门；配置远程遥控装置的分布式光伏，应能接收、执行调度端远方控制解并列、启停和发电功率的指令。

2）有功功率控制及无功电压控制。光伏电站远动通信服务器需具备与控制系统的接口，接受调度部门的指令，具体调节方案由调度部门根据运行方式确定。

光伏电站有功功率控制系统应能够接收并自动执行电网调度部门发送的有功功率及有功功率变化的控制指令，确保光伏电站有功功率及有功功率变化按照电力调度部门的要求运行。

光伏电站无功电压控制系统应能根据电力调度部门指令，自动调节其发出（或吸收）的无功功率，控制并网点电压在正常运行范围内，其调节速度和控制精度应能满足电力系统电压调节的要求。

3）电能量计量。

a. 安装位置与要求。本方案在产权分界点设置关口计量电能表（最终按用户与业主计量协议为准），安装同型号、同规格、准确度相同的主、副电能表各一套。主、副表应有明确标志。

b. 技术要求。电能计量装置的配置和技术要求应符合 DL/T 448 和 DL/T

614 的要求。电能表采用静止式多功能电能表，至少应具备双向有功和四象限无功计量功能、事件记录功能，配有标准通信接口，具备本地通信和通过电能信息采集终端远程通信的功能，电能表通信协议符合 DL/T 645。

10kV 关口计量电能表准确度等级应为有功 0.2S 级，无功 2.0 级，并且要求有关电流互感器、电压互感器的准确度等级须分别达到 0.2S、0.2 级。

c. 计量信息统计与传输。配置计量终端服务器 1 台，计费表采集信息通过计量终端服务器接入计费主站系统（电费计量信息），电价补偿计量信息也可由计费主站系统统一收集后，转发光伏发电管理部门。

4）电能质量监测装置。需要在并网点连接点装设满足 GB/T 19862《电能质量监测设备通用要求》中要求的 A 类电能质量在线监测装置一套。监测电能质量参数，包括电压、频率、谐波、功率因数等。

电能质量在线监测数据需上传至相关主管机构。

5）系统开关站、环网室（箱）、配电室或箱式变压器。本方案光伏电站接入系统开关站、环网室（箱）、配电室或箱式变压器后，需相应配置测控装置，采集光伏电站线路的相关信息。

若系统开关站、环网室（箱）、配电室或箱式变压器具备信息远传功能，测控装置信息接入现有监控系统。

若系统开关站、环网室（箱）、配电室或箱式变压器不具备信息远传功能，测控装置信息预留接入监控系统的接口，暂不考虑进行配网自动化改造。

6）远动信息内容。远动信息内容见 3.4.3.2。

7）远动信息传输。光伏电站的远动信息传送到调度主管机构，应采用专网方式，宜单路配置专网远动通道，优先采用电力调度数据网络。一般可采取基于 DL/T 634.5101 和 DL/T 634.5104 通信协议。

当采用电力调度数据网络时，需在光伏电站配置调度数据专网接入设备 1 套，组柜安装于光伏电站二次设备室。

8）二次安全防护。为保证光伏电站内计算机监控系统的安全稳定可靠运行，防止站内计算机监控系统因网络黑客攻击而引起电网故障，二次安全防护实施方案配置如下：

a. 按照"安全分区、网络专用、横向隔离、纵向认证"的基本原则，配置站内二次系统安全防护设备。

b. 纵向安全防护：控制区的各应用系统接入电力调度数据网前应加装

IP 认证加密装置，非控制区的各应用系统接入电力调度数据网前应加装防火墙。

c. 横向安全防护：控制区和非控制区的各应用系统之间宜采用 MPLS VPN 技术体制，划分为控制区 VPN 和非控制区 VPN。

若采用电力数据网接入方式，需相应配置 1 套纵向 IP 认证加密装置和 1 套硬件防火墙。

若采用无线专网方式，需配置加密装置。

若站内监控系统与其他系统存在信息交换，应按照上述二次安全防护要求采取安全防护措施。

4.3.6.3　系统通信

（1）系统概述。着重介绍光伏电站一次接入系统方案中的接入线路起讫点、新建线路与相关原有线路的关系、相关线路长度等与通信方案密切相关的情况。

（2）信息需求。明确调度关系，根据调度组织关系、运行管理模式和电力系统接线，提出线路保护、安全自动装置、调度自动化等相关信息系统对通道的要求，以及光伏电站至调度、集控中心、运行维护等单位的各类信息通道要求。

（3）通信现状。简述与光伏电站相关的电力系统通信现状，包括传输型式、电路制式、电路容量、组网路由、设备配置、相关光缆情况等。

（4）通信方案。根据国网技术规定，为满足光伏电站的信息传输需求，结合接入条件，因地制宜地确定光伏电站的通信方案。

1）光纤通信。结合各地电网整体通信网络规划，采用 EPON 技术、工业以太网技术、SDH/MSTP 技术等多种光纤通信方式。

a. 光缆建设方案。根据光伏电站新建 10kV 送出线路的不同，光缆可以采用 ADSS 光缆、普通光缆，光缆芯数 12 芯或 24 芯，光缆纤芯均采用 ITU－T G.652 光纤。进入光伏电站的引入光缆，宜选择非金属阻燃光缆。

当光伏电站专线接入的公共 10kV 开关站（环网室（箱）、配电室或箱式变压器）已实现配电自动化改造时，利用一次路径新建光缆到公共 10kV 开关站（环网室（箱）、配电室或箱式变压器），通过原有公共配电动化通信系统实现光伏电站至变电站的通信路由；当光伏电站专线接入的公共 10kV 开关站（环网室（箱）、配电室或箱式变压器）未实现配电自动化改造时，利用一次路径新建光缆到公共 10kV 开关站（环网室（箱）、配电室或箱式变压器），通过 10kV

开关站（环网室（箱）、配电室或箱式变压器跳纤到变电站；也可采用其他路径直接新建光缆到变电站。引入光缆宜选择非金属阻燃光缆。

b. 通信电路建设方案。光缆通信系统建议采用 EPON 传输系统、工业以太网传输系统和 SDH 传输系统三个方案。

a）EPON 方案。当光伏电站专线接入的公共 10kV 开关站 [环网室（箱）、配电室或箱式变压器] 已实现配电自动化改造时，在光伏电站配置 2 台 ONU 设备，利用光伏电站至公共 10kV 开关站 [环网室（箱）、配电室或箱式变压器] 的光缆路由，通过无源分光器（ODN）形成光伏电站至系统侧的通信电路，将光伏电站的通信、自动化等信息接入系统。其中 1 台 ONU 设备传输调度数据网至接入变电站 OLT1（配网控制）；另外 1 台传输综合数据网及调度电话业务至接入变电站 OLT2（配网管理）。方案如图 4.3－13 所示。

当光伏电站专线接入的公共 10kV 开关站（环网室（箱）、配电室或箱式变压器）未实现配电自动化改造时，在光伏电站配置 2 台 ONU 设备，利用光伏电站至变电站的光缆路由，形成光伏电站至系统侧的通信电路，将光伏电站的通信、自动化等信息接入系统。其中 1 台 ONU 设备传输调度数据网至接入变电站 OLT1（配网控制）；另外 1 台用于传输综合数据网及调度电话业务至接入变电站 OLT2（配网管理）。方案如图 4.3－14 所示。

光伏电站 T 接入 10kV 公共线路时，为满足电力系统安全分区的要求，在光伏电站配 2 台 ONU 设备，利用上述光缆，形成光伏电站至系统侧的通信电路，将光伏电站的通信、自动化等信息接入系统。其中 1 台 ONU 设备传输调度数据网至接入变电站 OLT1（配网控制）；另外 1 台用于传输综合数据网及调度电话业务至接入变电站 OLT2（配网管理）。方案如图 4.3－23 所示。

b）工业以太网方案。当光伏电站专线接入的公共 10kV 开关站 [环网室（箱）、配电室或箱式变压器] 已实现配电自动化改造时，在光伏电站配置 2 台工业以太网交换机，利用光伏电站至公共 10kV 开关站 [环网室（箱）、配电室或箱式变压器] 的光缆路由，形成光伏电站至 10kV 开关站的通信电路。在公共 10kV 开关站 [环网室（箱）、配电室或箱式变压器] 配置 2 台工业以太网交换机，利用原有公共配电自动化通信网将光伏电站的通信、自动化等信息接入系统。其中 1 台工业以太网交换机传输调度数据网（配网控制）；另外 1 台用于传输综合数据网及调度电话业务（配网管理）。方案如图 4.3－15 所示。

当光伏电站专线接入的公共 10kV 开关站 [环网室（箱）、配电室或箱式变压器]未实现配电自动化改造时，在光伏电站配置 2 台工业以太网交换机，利用光伏电站至变电站的光缆路由，形成光伏电站至变电站的通信电路。在变电站配置 2 台工业以太网交换机，将光伏电站的通信、自动化等信息接入系统。其中 1 台工业以太网交换机传输调度数据网（配网控制）；另外 1 台用于传输综合数据网及调度电话业务（配网管理）。方案如图 4.3－16 所示。

光伏电站 T 接入 10kV 公共线路时，为满足电力系统安全分区的要求，在光伏电站配置 2 台工业以太网交换机，在光伏电站接入的变电站配置 2 台工业以太网交换机，利用上述光缆，形成光伏电站至接入变电站的通信电路，将光伏电站的通信、自动化等信息接入系统。其中 1 台工业以太网交换机传输调度数据网（配网控制）；另外 1 台用于传输综合数据网及调度电话业务（配网管理）。方案如图 4.3－24 所示。

c）SDH 方案。当光伏电站专线接入的公共 10kV 开关站［环网室（箱）、配电室或箱式变压器］时，在光伏电站配置 1 台 SDH 155M 光端机，并在公共 10kV 开关站［环网室（箱）、配电室或箱式变压器］所接入的变电站现有设备上增加 2 个 155M 光口，利用上述光缆，建设光伏电站至接入变电站的 1＋1 通信电路，将光伏电站的通信、自动化等信息接入系统，形成光伏电站至系统的通信通道。方案如图 4.3－17 所示。

光伏电站 T 接入 10kV 公共线路时，在光伏电站配置 1 台 SDH 155M 光端机，并在接入变电站现有设备上增加 2 个 155M 光口，利用上述光缆，建设光伏电站至接入变电站的 1＋1 通信电路，将光伏电站的通信、自动化等信息接入系统，形成光伏电站至系统的通信通道。方案如图 4.3－25 所示。

2）中压电力线载波。当光伏电站专线接入的公共 10kV 开关站［环网室（箱）、配电室或箱式变压器］已实现配电自动化改造时，在光伏电站拟接入公共 10kV 开关站［环网室（箱）、配电室或箱式变压器］侧配置主载波机，光伏电站侧配置从载波机，主载波机依据线路结构对下进行载波组网，并通过载波通信方式将终端数据汇聚至主载波机，利用原有公共配电自动化通信网将光伏电站的通信、自动化等信息接入系统。载波组网通信采用一主多从的方式组网，即一个载波主机和多个载波从机组成一个载波通信网络，载波主机和载波从机之间采用问答方式进行数据传输，载波从机之间不进行数据传输。方案如图 4.3－19。

当光伏电站专线接入的公共 10kV 开关站［环网室（箱）、配电室或箱式变压器］未实现配电自动化改造时，由于需要载波机在公共 10kV 开关站［环网

室（箱）、配电室或箱式变压器］所接入变电站线路上进行跳接，串扰过大，传输距离过长，不建议采用中压电力线载波通信。

光伏电站 T 接入 10kV 公共线路时，在光伏电站拟接入变电站侧配置主载波机，光伏电站侧配置从载波机，主载波机依据线路结构对下进行载波组网，并通过载波通信方式将终端数据汇聚至主载波机，将数据信息上传。载波组网通信采用一主多从的方式组网，即一个载波主机和多个载波从机组成一个载波通信网络，载波主机和载波从机之间采用问答方式进行数据传输，载波从机之间不进行数据传输。方案如图 4.3－26 所示。

3）无线方式。光伏电站接入可采用无线公网通信方式，但应采取信息安全防护措施。当有控制要求时，不应采用无线公网通信方式。

无线公网的通信方式应满足 Q/GDW 625《配电自动化建设与改造标准化设计技术规定》和 Q/GDW 380.2 《电力用户用电信息采集系统管理规范　第二部分　通信信道建设管理规范》的相关规定，采取可靠的安全隔离和认证措施，支持用户优先级管理。

（5）业务组织。根据光伏电站信息传输需求和通信方案，对光伏电站各业务信息通道组织。

（6）通信设备供电。对于使用 EPON 和工业以太网接入方案的光伏电站，建议采用站内 UPS 交流为设备供电；对于使用 SDH 接入方案的光伏电站，建议采用站用直流或交流系统通过 DC/DC 或 AC/DC 变换为－48V 为设备供电。

4.3.7　GF10－T－1 方案设计图清单（见表 4.3－1）

表 4.3－1　　　　　　　　　GF10－T－1 方案设计图清单

图序	图名	图纸编号
图 4.3－1	一次系统接线示意图	T－1－01
图 4.3－2	电气主接线图（一）	T－1－02
图 4.3－3	电气主接线图（二）	T－1－03
图 4.3－4	接入公共电网 10kV 架空线路	T－1－04
图 4.3－5	接入公共电网箱式变压器 10kV 母线	T－1－05
图 4.3－6	接入公共电网 10kV 配电室	T－1－06
图 4.3－7	接入公共电网 10kV 开关站	T－1－07

图序	图名	图纸编号
图 4.3－8	接入 10kV 开关站电气平面布置图	T－1－08
图 4.3－9	系统继电保护及安全自动化装置配置（一）	T－1－09
图 4.3－10	系统继电保护及安全自动化装置配置（二）	T－1－10
图 4.3－11	光伏电站调度自动化系统配置（一）	T－1－11
图 4.3－12	光伏电站调度自动化系统配置（二）	T－1－12
图 4.3－13	光伏电站接入系统通信图（EPON）（一）	T－1－13
图 4.3－14	光伏电站接入系统通信图（EPON）（二）	T－1－14
图 4.3－15	光伏电站接入系统通信图（工业以太网）（一）	T－1－15
图 4.3－16	光伏电站接入系统通信图（工业以太网）（二）	T－1－16
图 4.3－17	光伏电站接入系统通信图（SDH）	T－1－17

图序	图名	图纸编号
图 4.3－18	光伏电站接入系统通信图（中压电力线载波）	T－1－18
图 4.3－19	系统继电保护及安全自动化装置配置（方案一）	T－1－19
图 4.3－20	系统继电保护及安全自动化装置配置（方案二）	T－1－20
图 4.3－21	光伏电站调度自动化系统配置（一）	T－1－21
图 4.3－22	光伏电站调度自动化系统配置（二）	T－1－22
图 4.3－23	光伏电站接入系统通信图（EPON）	T－1－23
图 4.3－24	光伏电站接入系统通信图（工业以太网）	T－1－24
图 4.3－25	光伏电站接入系统通信图（SDH）	T－1－25
图 4.3－26	光伏电站接入系统通信图（中压电力线载波）	T－1－26

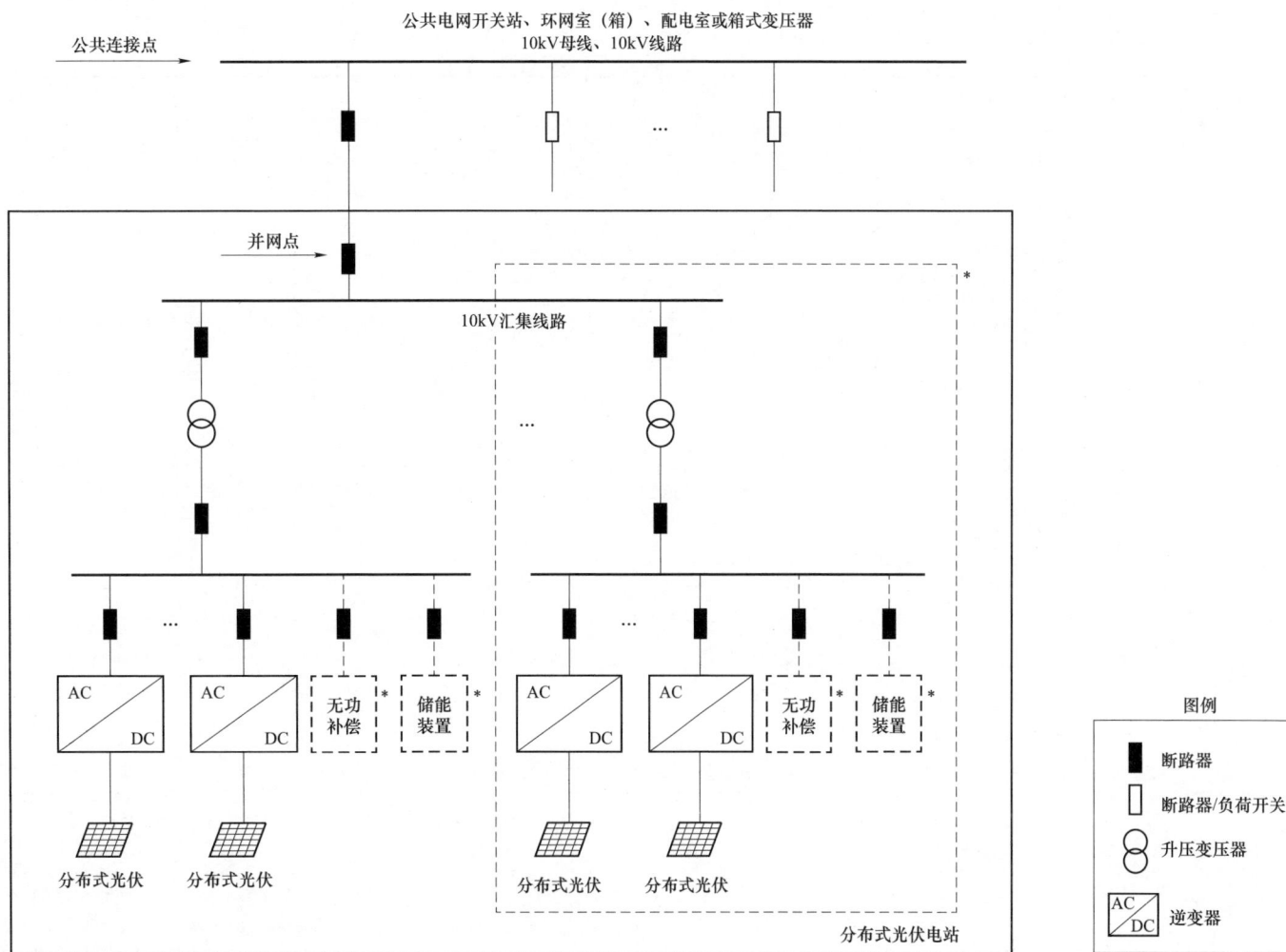

公共电网开关站、环网室（箱）、配电室或箱式变压器
10kV母线、10kV线路

公共连接点

并网点

10kV汇集线路

AC / DC

AC / DC

无功补偿 *

储能装置 *

AC / DC

AC / DC

无功补偿 *

储能装置 *

分布式光伏

分布式光伏

分布式光伏

分布式光伏

分布式光伏电站

图例

■ 断路器

□ 断路器/负荷开关

⊗ 升压变压器

AC/DC 逆变器

注：1. 标*设备根据工程实际需求进行配置。

   2. 无功和储能的配置点根据实际情况确定。

图 4.3-1　一次系统接线示意图（T-1-01）

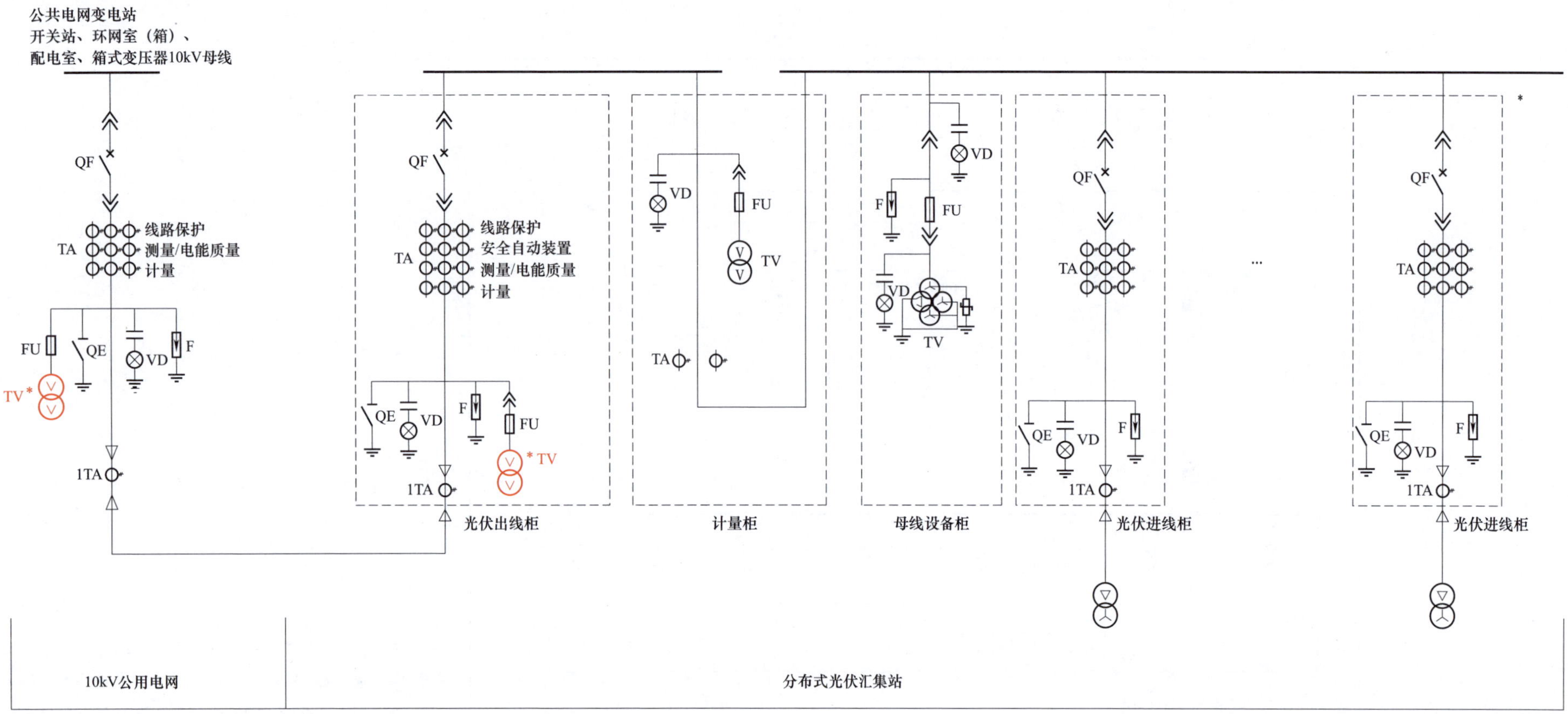

公共电网变电站
开关站、环网室（箱）、
配电室、箱式变压器10kV母线

线路保护
TA 测量/电能质量
计量

FU QE VD F
TV*

1TA

线路保护
安全自动装置
TA 测量/电能质量
计量

QE VD F FU
* TV

1TA

光伏出线柜

VD FU
TV
TA

计量柜

VD
F FU
VD
TV

母线设备柜

QF
TA

QE VD F
1TA

光伏进线柜

...

QF
TA

QE VD F
1TA

光伏进线柜

10kV公用电网

分布式光伏汇集站

图例

QF	断路器	F	避雷器
QE	接地开关	FU	熔断器
TA	电流互感器	TV	电压互感器
1TA	零序电流互感器	VD	带电显示器

注：标*设备根据工程实际需求进行配置。

图 4.3-2 电气主接线图（一）（T-1-02）

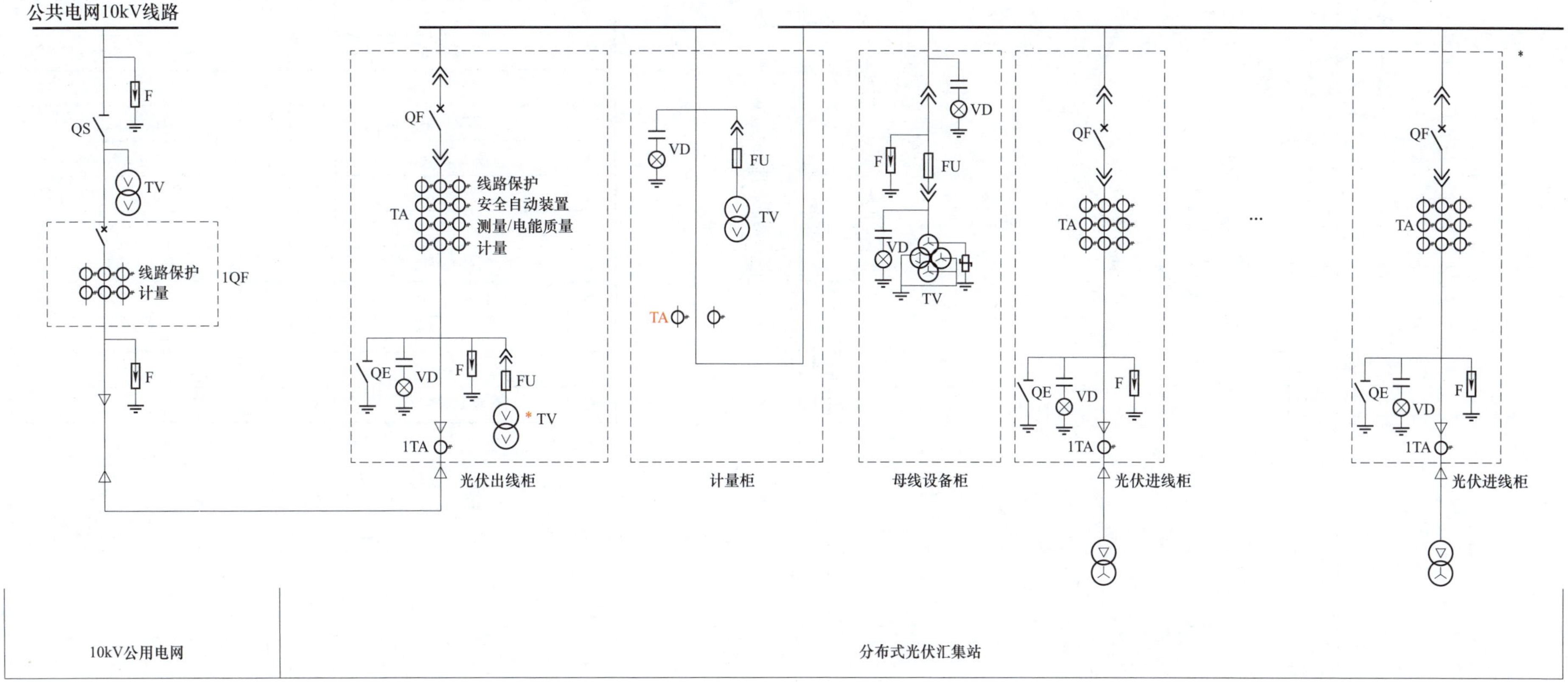

公共电网10kV线路

线路保护
安全自动装置
测量/电能质量
计量

线路保护
计量

1QF

10kV公用电网

光伏出线柜　　　　计量柜　　　　母线设备柜　　　　光伏进线柜　　　　　　　　　　光伏进线柜

分布式光伏汇集站

图例

QF	断路器	TV	电压互感器
1QF	柱上断路器	F	避雷器
QS	隔离开关	FU	熔断器
QE	接地开关	1TA	零序电流互感器
TA	电流互感器	VD	带电显示器

注：标*设备根据工程实际需求进行配置。

图 4.3－3　电气主接线图（二）（T－1－03）

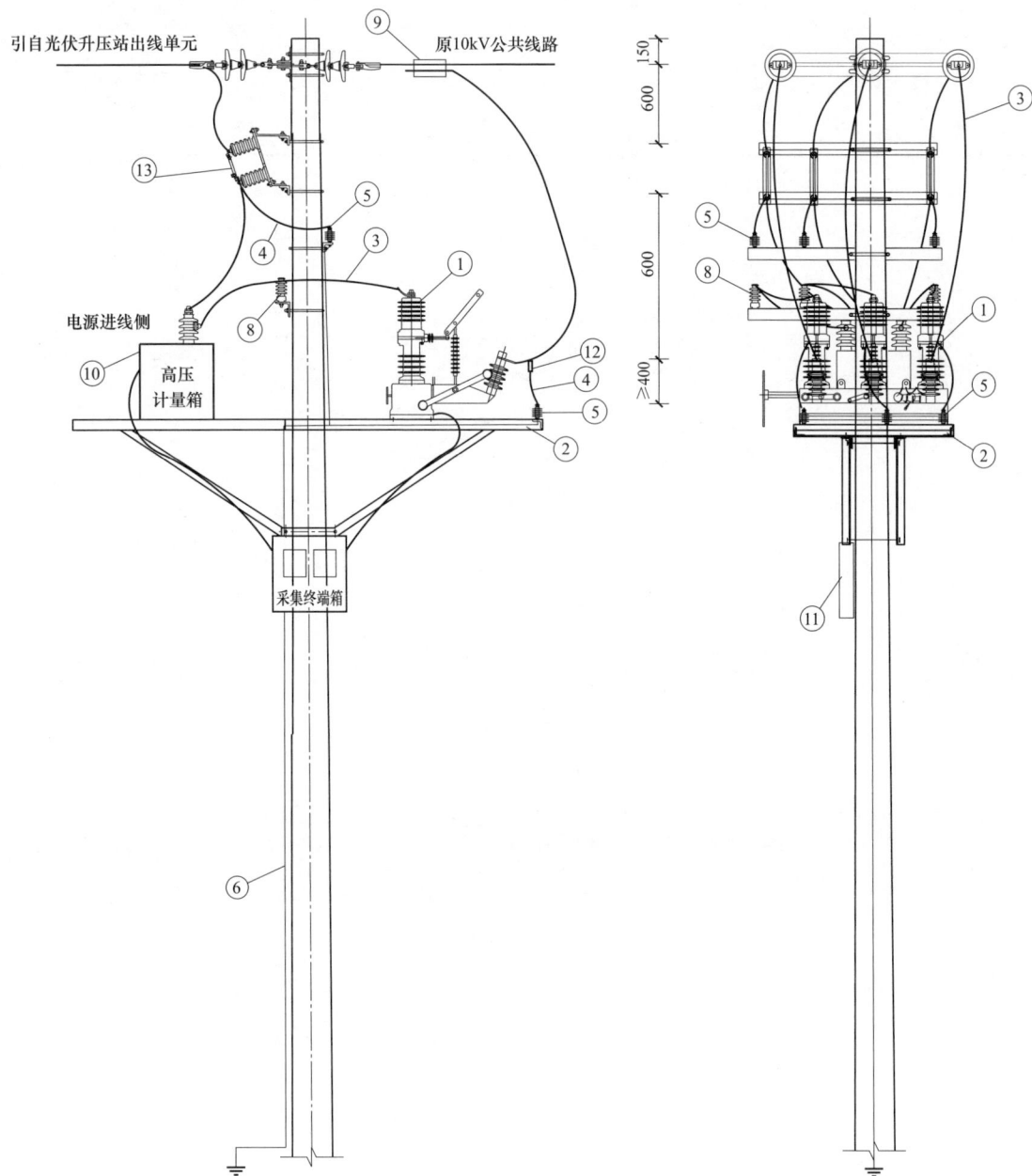

引自光伏升压站出线单元

原10kV公共线路

电源进线侧

高压
计量箱

采集终端箱

150
600
600
≥400

主 要 设 备 材 料 表

编号	材料名称	单位	数量	备注
①	光伏专用柱上断路器	台	1	
②	开关支架	套	1	
③	导线引线	m	24	绝缘引线，长度仅供参考
④	避雷器上引线	m	6	绝缘引线，长度仅供参考
⑤	合成氧化锌避雷器	只	6	根据设计需要选型
⑥	接地引下线			
⑦	标识牌	块	2	图中未标示，具体安装位置自定
⑧	线路柱式瓷绝缘子	只	3	
⑨	接续金具			根据设计需要选型
⑩	高压计量箱	套	1	
⑪	采集终端箱	套	1	
⑫	可装卸线夹	只	3	
⑬	隔离开关	只	3	

图 4.3-4　接入公共电网 10kV 架空线路（T-1-04）

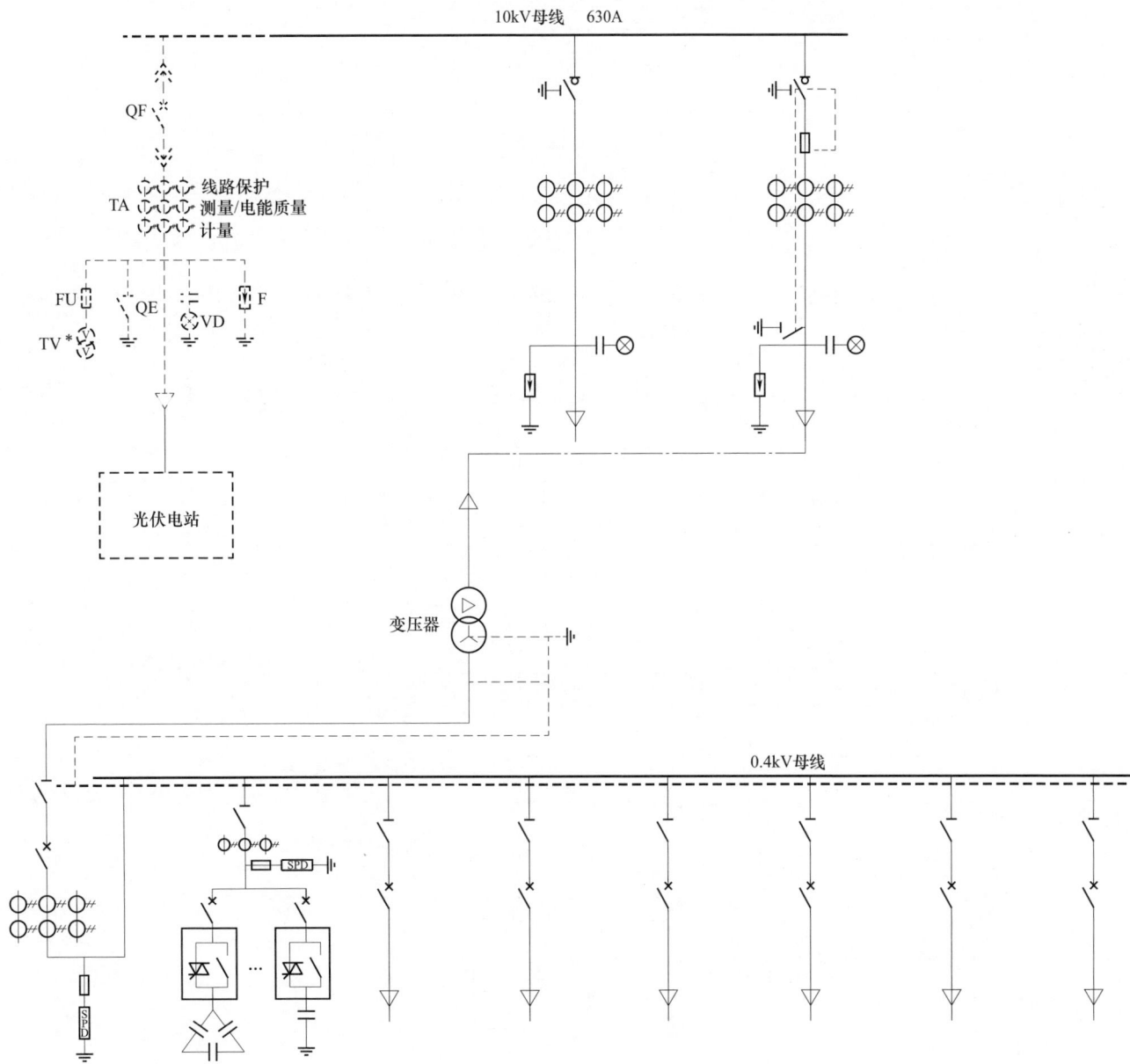

图 4.3 – 5　接入公共电网箱式变压器 10kV 母线（T – 1 – 05）

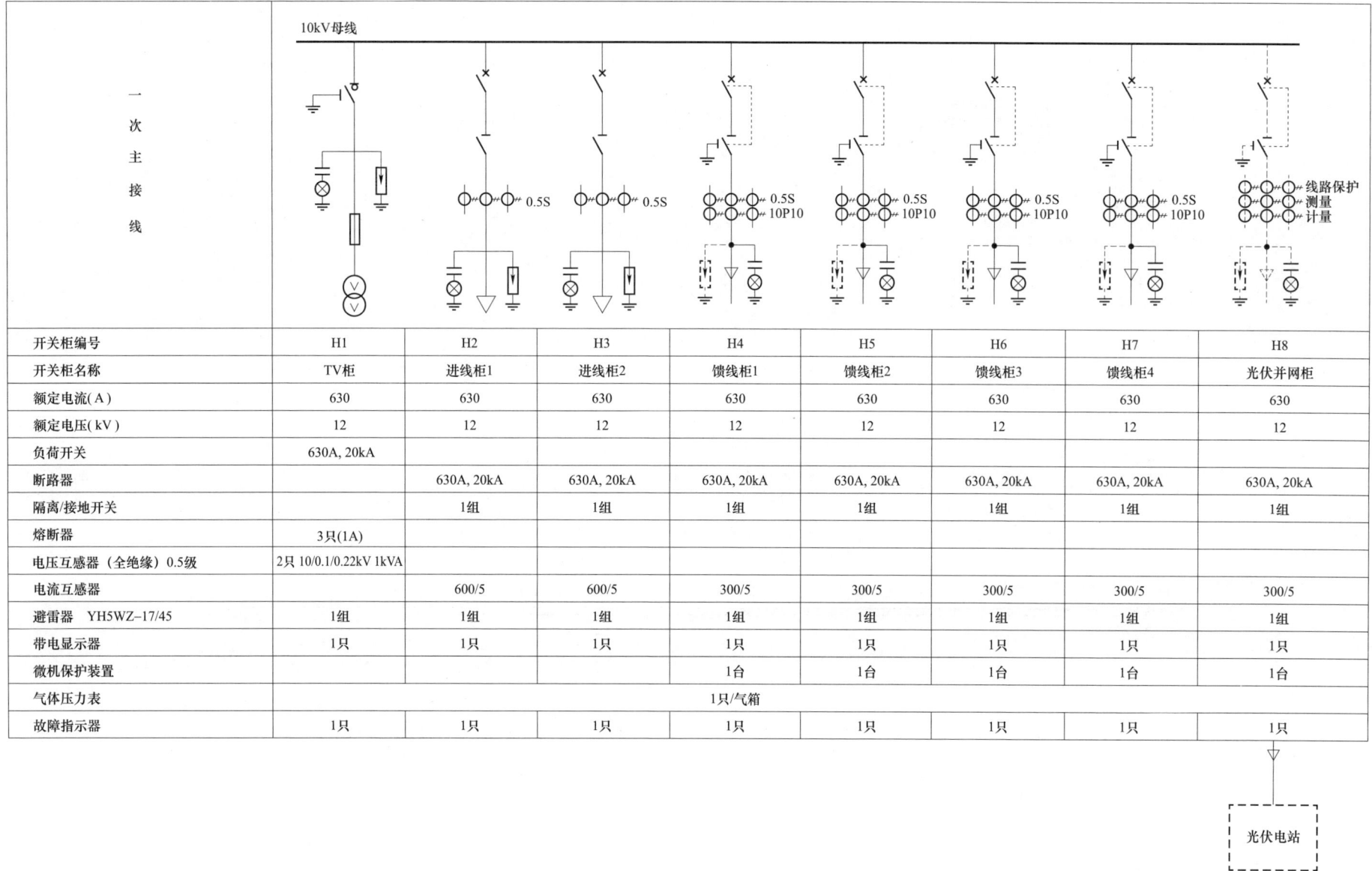

开关柜编号	H1	H2	H3	H4	H5	H6	H7	H8
开关柜名称	TV柜	进线柜1	进线柜2	馈线柜1	馈线柜2	馈线柜3	馈线柜4	光伏并网柜
额定电流(A)	630	630	630	630	630	630	630	630
额定电压(kV)	12	12	12	12	12	12	12	12
负荷开关	630A, 20kA							
断路器		630A, 20kA	630A, 20kA	630A, 20kA	630A, 20kA	630A, 20kA	630A, 20kA	630A, 20kA
隔离/接地开关		1组	1组	1组	1组	1组	1组	1组
熔断器	3只(1A)							
电压互感器（全绝缘）0.5级	2只 10/0.1/0.22kV 1kVA							
电流互感器		600/5	600/5	300/5	300/5	300/5	300/5	300/5
避雷器 YH5WZ-17/45	1组	1组	1组	1组	1组	1组	1组	1组
带电显示器	1只	1只	1只	1只	1只	1只	1只	1只
微机保护装置				1台	1台	1台	1台	1台
气体压力表				1只/气箱				
故障指示器	1只	1只	1只	1只	1只	1只	1只	1只

图 4.3-6 接入公共电网 10kV 配电室（T-1-06）

主母线(1250A) — KYN□-12型开关柜 接线图

10kV Ⅰ段母线 (TMY-80×10)　　　10kV Ⅱ段母线 (TMY-80×10)

双拼3×400铜芯电缆

线路保护测量计量

主要设备元件		G1～G6	G7	G8	G9	G10	G11	G12	G13	G14～G19	G20	G21
柜体尺寸(宽×深)(mm×mm)		800×1500	800×1500	800×1500	800×1500	800×1500	800×1500	800×1500	800×1500	800×1500	800×1500	800×1500
开关柜编号		G1～G6	G7	G8	G9	G10	G11	G12	G13	G14～G19	G20	G21
开关柜名称		馈线柜	Ⅰ段进线柜1	Ⅰ段母线设备柜	Ⅰ段站用变柜	分段柜1	分段隔离柜1	Ⅱ段进线柜1	Ⅱ段母线设备柜	馈线柜	Ⅱ段站用变压器柜	光伏并网柜
额定电流(A)		630、1250	630、1250	630、1250	630、1250	630、1250	630、1250	630、1250	630、1250	630、1250	630、1250	630、1250
额定电压(kV)		12	12	12	12	12	12	12	12	12	12	12
	电流互感器 0.5S/5P20	300/5A(可选)	600/5A(可选)			600/5A(可选)		600/5A(可选)		300/5A(可选)		400/5A(可选)
	电压互感器0.5/3P			10/0.1/0.1kV, ≥20VA					10/0.1/0.1kV, ≥20VA			
	电流表	300/5A(可选)	600/5A(可选)			600/5A(可选)		600/5A(可选)		300/5A(可选)		400/5A(可选)
	电压表			10/0.1kV					10/0.1kV			
	电操机构	1副	1副			1副		1副		1副		1副
	真空断路器/隔离手车	630A, 20kA; 1250A, 25kA	630A, 20kA; 1250A, 25kA			630A, 20kA; 1250A, 25kA	630A, 1250A	630A, 20kA; 1250A, 25kA		630A, 20kA; 1250A, 25kA		630A, 20kA; 1250A, 25kA
	真空负荷开关				1台						1台	
	接地开关 JN15-12	1组	1组					1组		1组		1组
	站用变压器熔断器				10/5A, 0.4/63A						10/5A, 0.4/63A	
	电压互感器熔断器			10/1A					10/1A			
	避雷器 YH5WZ-17/45	1组	1组	1组				1组	1组	1组		1组
	带电显示器	1组	1组	1组	1组	1组	1组	1组	1组	1组	1组	1组
	消谐器 LXQ-10			1组					1组			
	干式变压器				SC10-30kVA Dyn11 10.5±5%/0.4kV						SC10-30kVA Dyn11 10.5±5%/0.4kV	
	微机保护测控装置	1套	1套			1套		1套		1套		

光伏电站

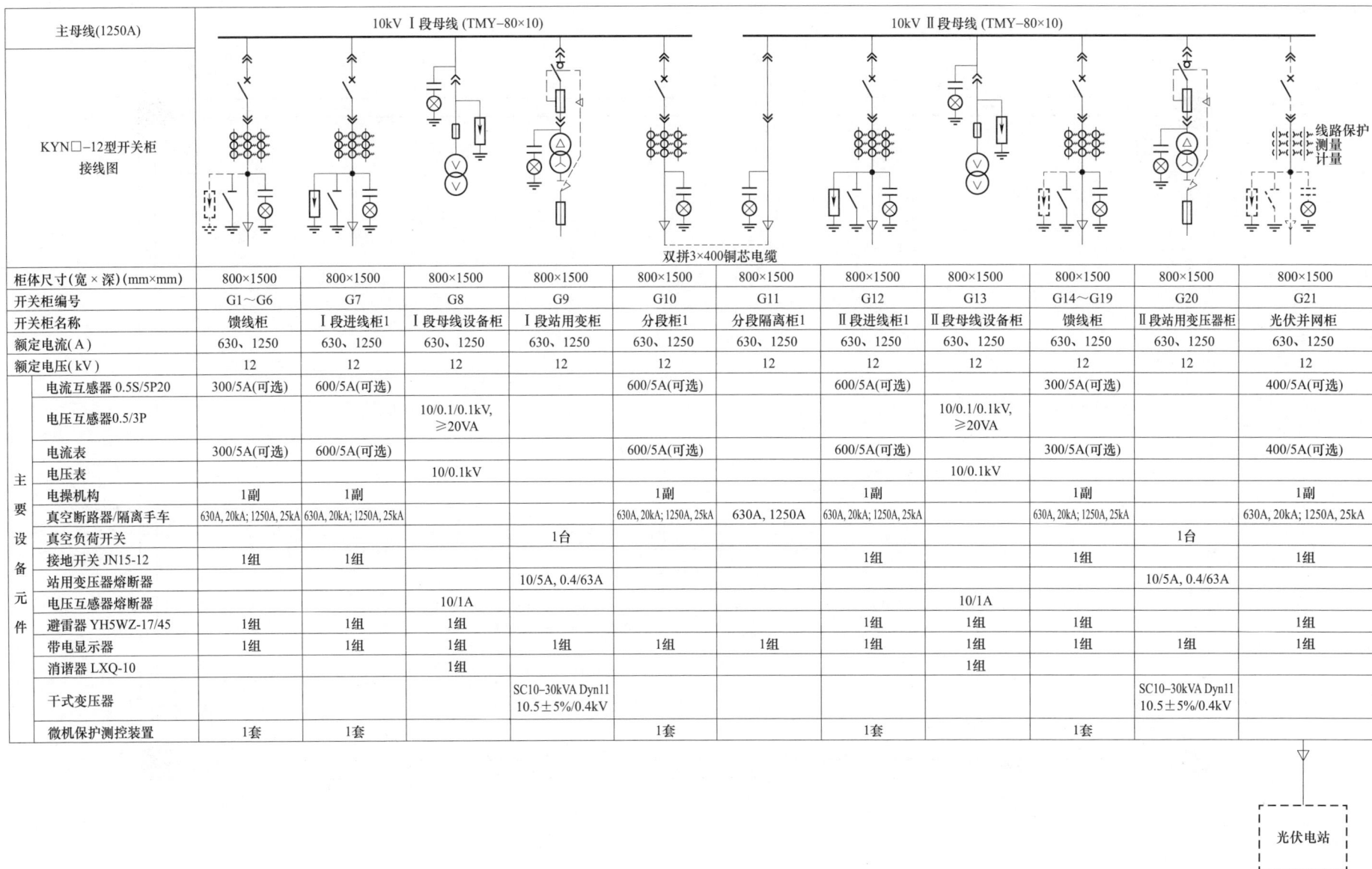

图 4.3-7　接入公共电网 10kV 开关站（T-1-07）

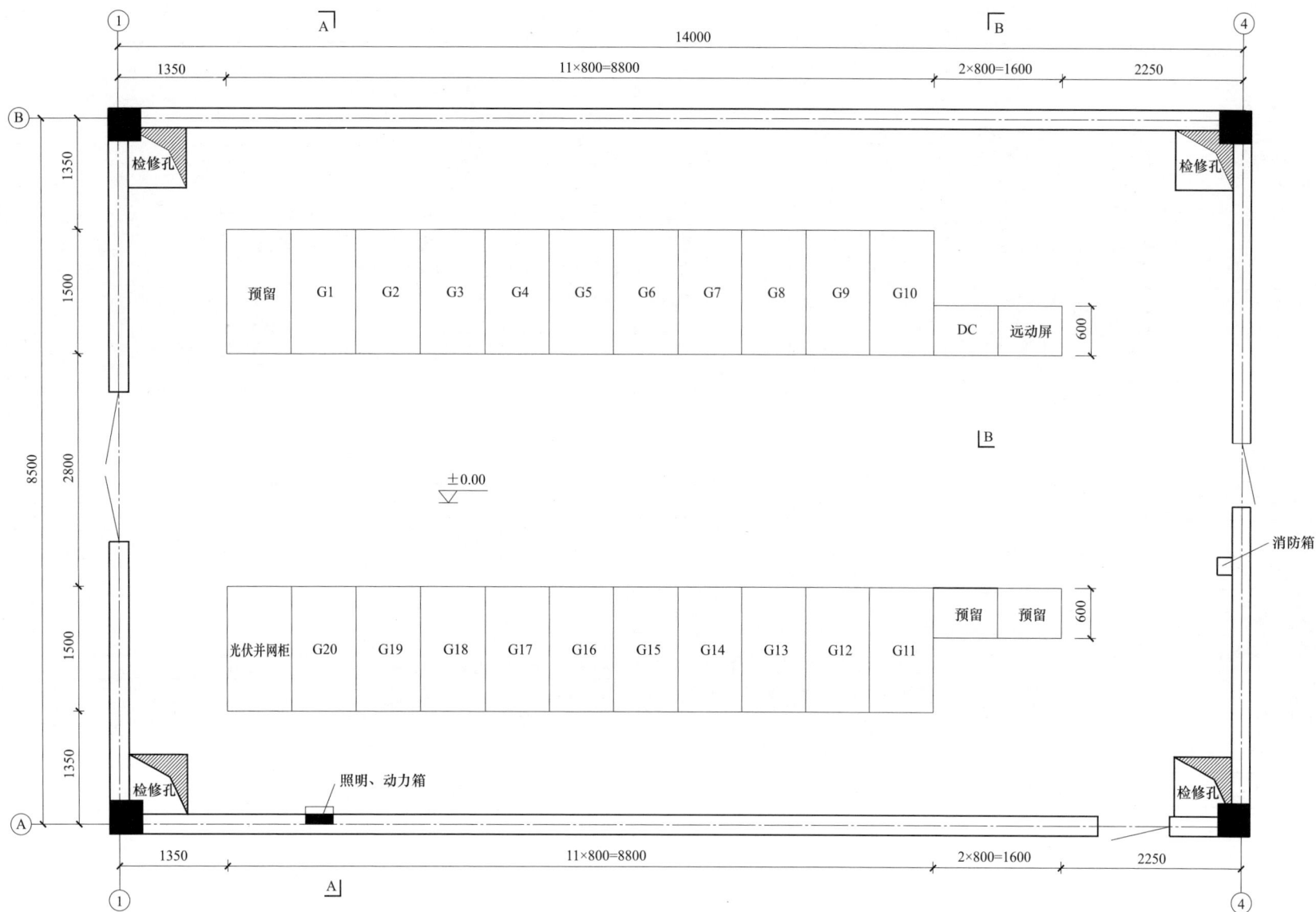

图 4.3-8　接入 10kV 开关站电气平面布置图（T-1-08）

主 要 设 备 材 料 表

序号	厂站	设备名称	规格型号	单位	数量	备注
1	光伏电站	安全自动装置		套	1	
2	开关站、环网室（箱）、配电室或箱变	过电流（或距离保护）		套	1	

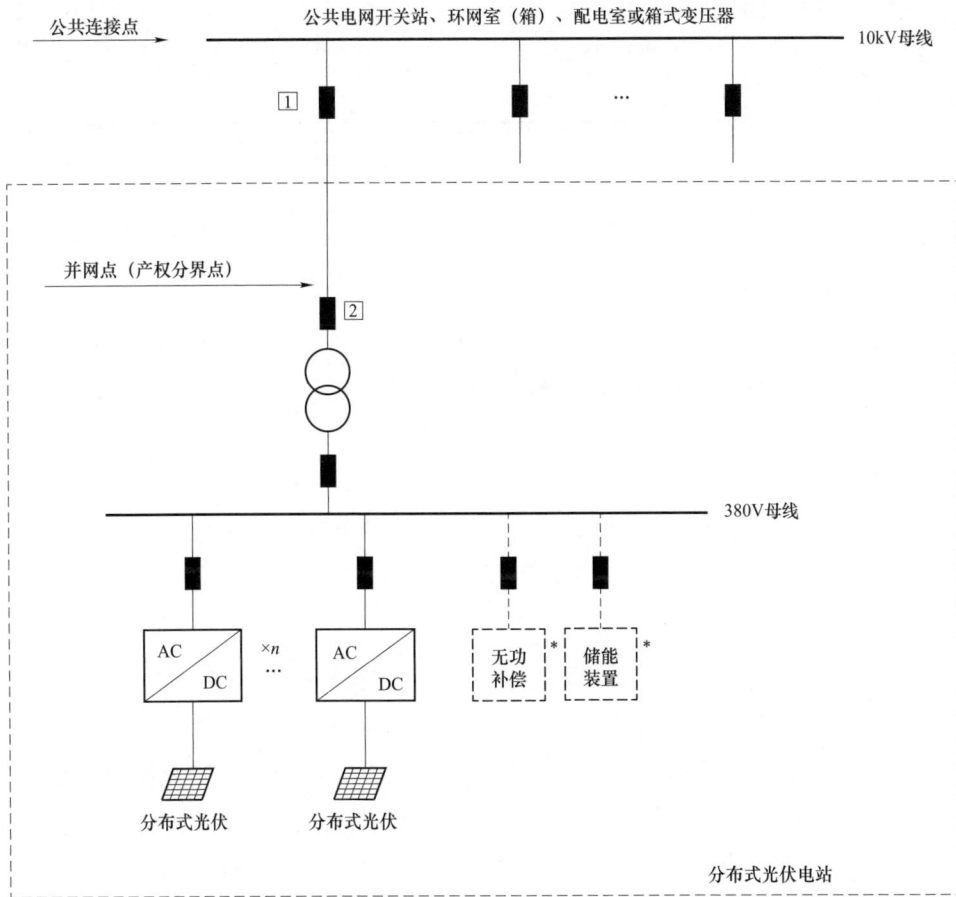

公共连接点

公共电网开关站、环网室（箱）、配电室或箱式变压器

10kV母线

1

...

并网点（产权分界点）

2

380V母线

AC / DC   ×n   ...   AC / DC

无功补偿 *   储能装置 *

分布式光伏   分布式光伏

分布式光伏电站

注：1. 标*设备根据工程实际需求进行配置。

    2. 本图适用于接入公共开关站、环网箱、配电室、箱式变压器。

图例

1   10kV线路过电流（或距离）保护

2   安全自动装置

图 4.3－9 系统继电保护及安全自动化装置配置（一）（T－1－09）

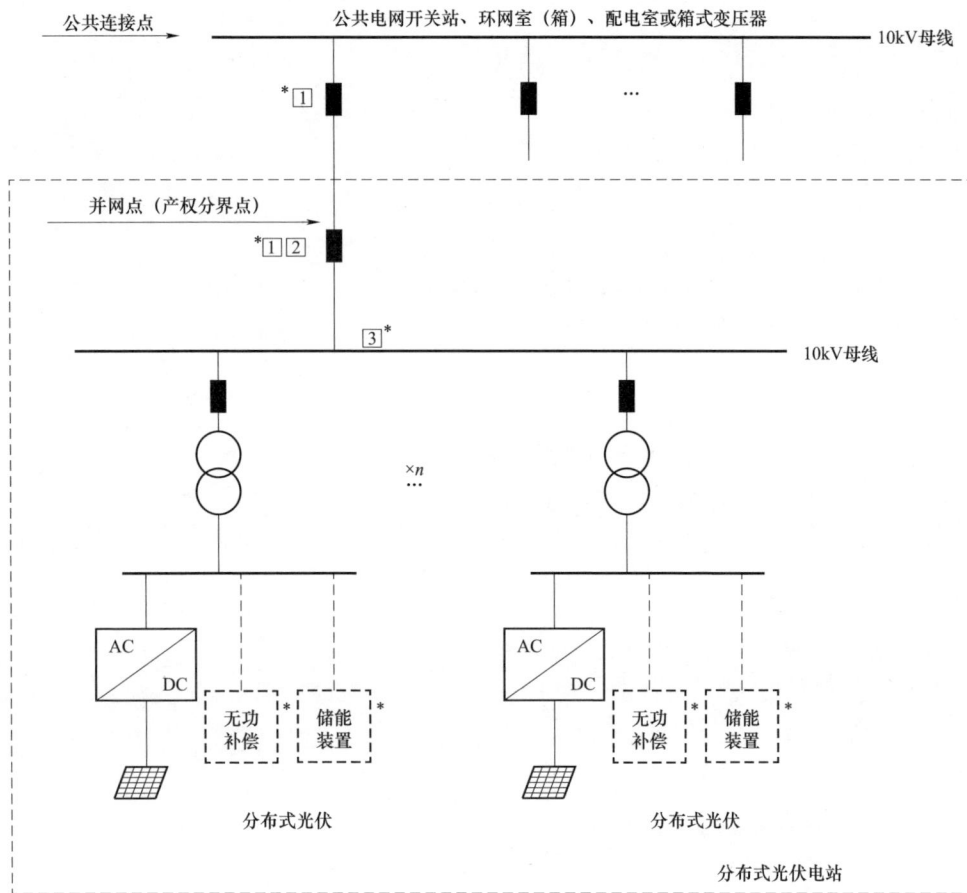

主 要 设 备 材 料 表

序号	厂站	设备名称	规格型号	单位	数量	备注
1	光伏电站	光纤电流差动保护		套	1	
2		安全自动装置		套	1	
3		母线保护*		套	1	
4	开关站、环网室（箱）、配电室或箱式变压器	光纤电流差动保护		套	1	

注：1. 标*设备根据工程实际需求进行配置。

2. 本图适用于接入公共开关站、环网箱、配电室、箱式变压器。

图例

1	10kV线路光纤电流差动保护
2	安全自动装置
3	10kV母线保护

图 4.3–10　系统继电保护及安全自动化装置配置（二）（T–1–10）

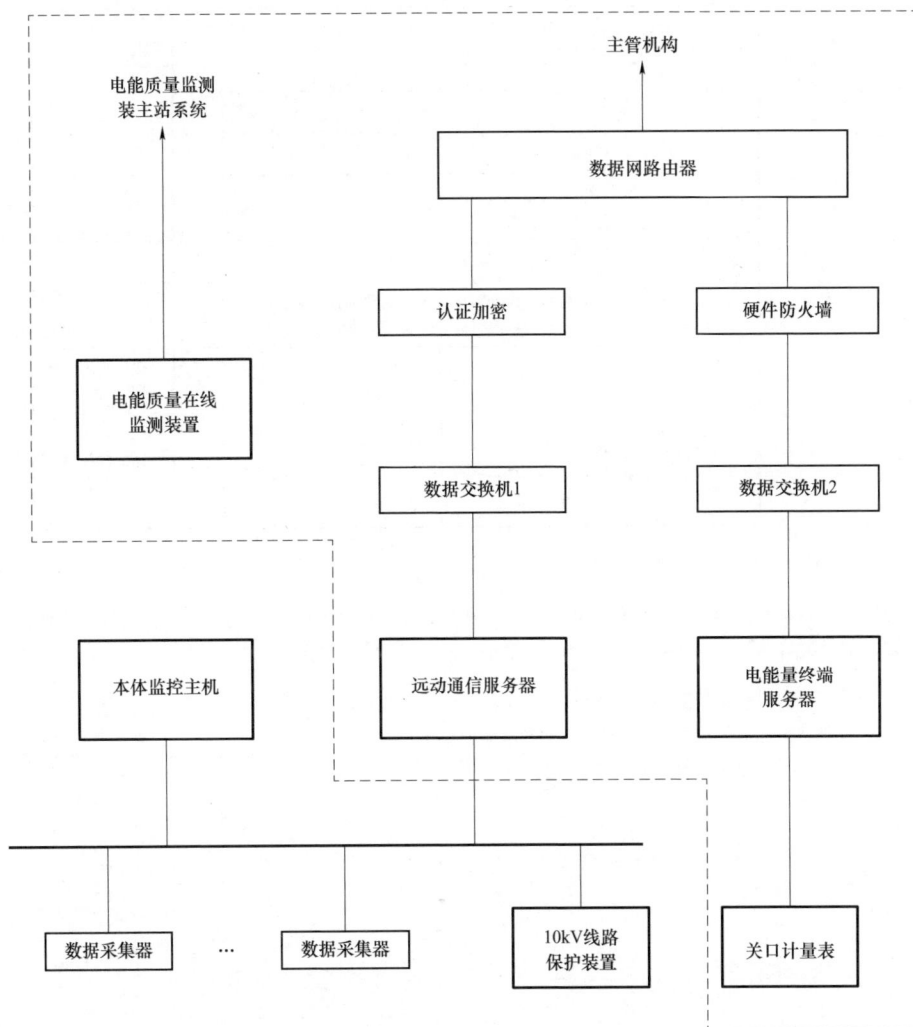

主 要 设 备 材 料 表

序号	厂站	设备名称	规格型号	单位	数量	备注
1	光伏电站	远动通信服务器		套	1	与本体计算机监控系统合一建设
2		关口电能表柜	含主、副表各一块	面	1	
3		电能量终端服务器		套		
4		电能质量在线监测装置		套	1	
5		MIS 网三层交换机		台	1	
6		电力调度数据网接入设备柜	含1台路由器，2台交换机	面	1	
7		二次安全防护设备	含纵向加密装置1套，硬件防火墙1套	套	1	与调度数据网络设备共同组柜
8	开关站、环网室（箱）、配电室或箱变	10kV 线路测控装置		套	1	保护测控合一装置

注：1. 虚线框内为光伏电站系统远动设备。

2. 本图适用于接入公共开关站、环网箱、配电室、箱式变压器。

3. 本图适用于光伏电站本体远动系统与监控系统合一建设。

图 4.3−11　光伏电站调度自动化系统配置（一）（T−1−11）

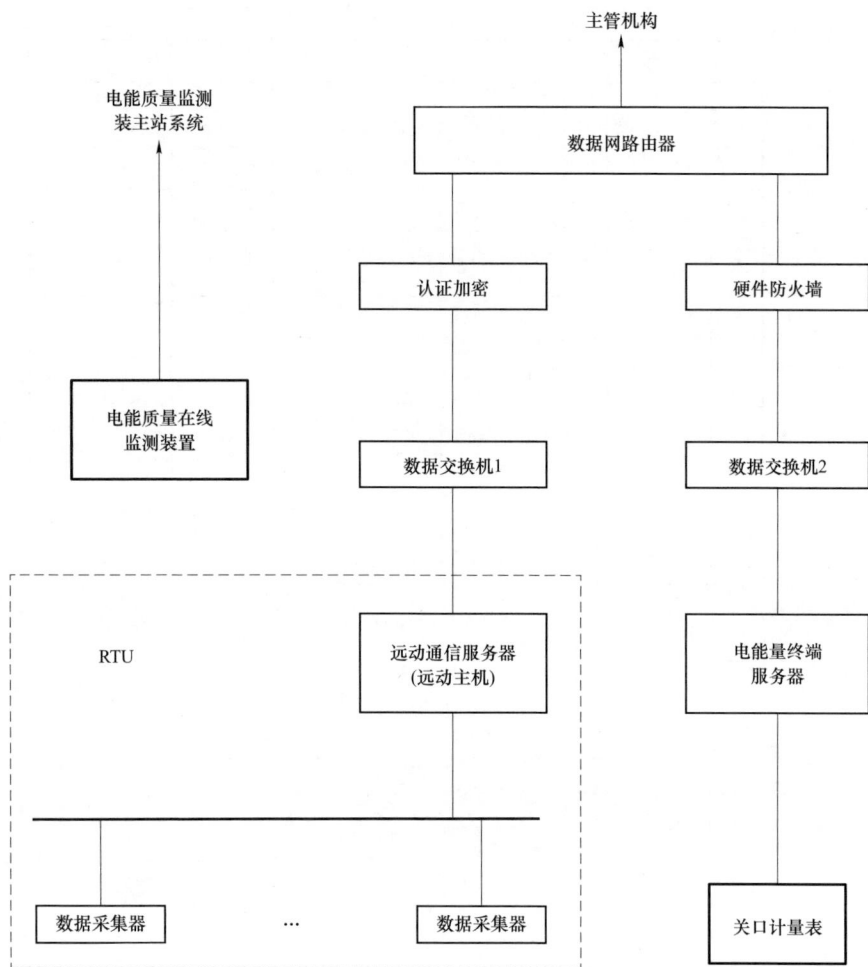

主要设备材料表

序号	厂站	设备名称	规格型号	单位	数量	备注
1	光伏电站	RTU		套	1	
2		关口电能表柜	含主、副表各一块	面	1	
3		电能量终端服务器		套		
4		电能质量在线监测装置		套	1	
5		MIS网三层交换机		台	1	
6		电力调度数据网接入设备柜	含1台路由器,2台交换机	面	1	
7		二次安全防护设备	含纵向加密装置1套,硬件防火墙1套	套	1	与调度数据网络设备共同组柜
8	开关站、环网室(箱)、配电室或箱变	10kV线路测控装置		套	1	保护测控合一装置

注: 1. 本图适用于接入公共开关站、环网箱、配电室、箱式变压器。

　　2. 本图适用于光伏电站单独配置RTU。

图 4.3-12　光伏电站调度自动化系统配置(二)(T-1-12)

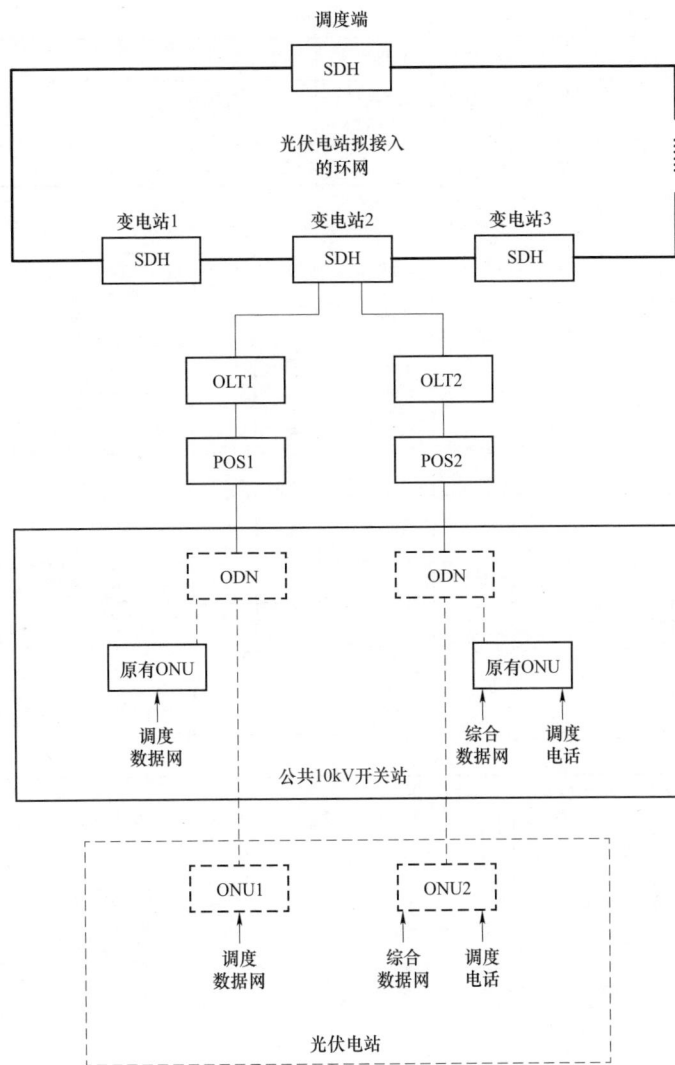

主 要 设 备 材 料 表

序号	厂站	设备名称	规格型号	单位	数量	备注
1	光伏电站	导引光缆	12芯，GYFTZY	km	按需	
2		ONU		台	2	
3		光纤配线架	24	台	1	
4	公共开关站、环网室（箱）、配电室	光缆	12/24芯	km	按需	
5		导引光缆	12芯，GYFTZY	km	按需	
6		光纤配线架	24	套	1	
7		无源分光器ODN		块	2	
8	系统接入变电站	OLT PON口板		台	2	需要时
9		电线电缆		套	1	需要时

注：1. 虚线表示新增设备或连接。

2. 本图适用于EPON公共开关站、环网室（箱）、配电室已实现配自动化。

图 4.3–13 光伏电站接入系统通信图（EPON）（一）（T–1–13）

调度端

光伏电站拟接入
的环网

变电站1　变电站2　变电站3

SDH

OLT1　OLT2

POS1　POS2

ONU1　ONU2

调度
数据网

综合
数据网　调度
电话

光伏电站

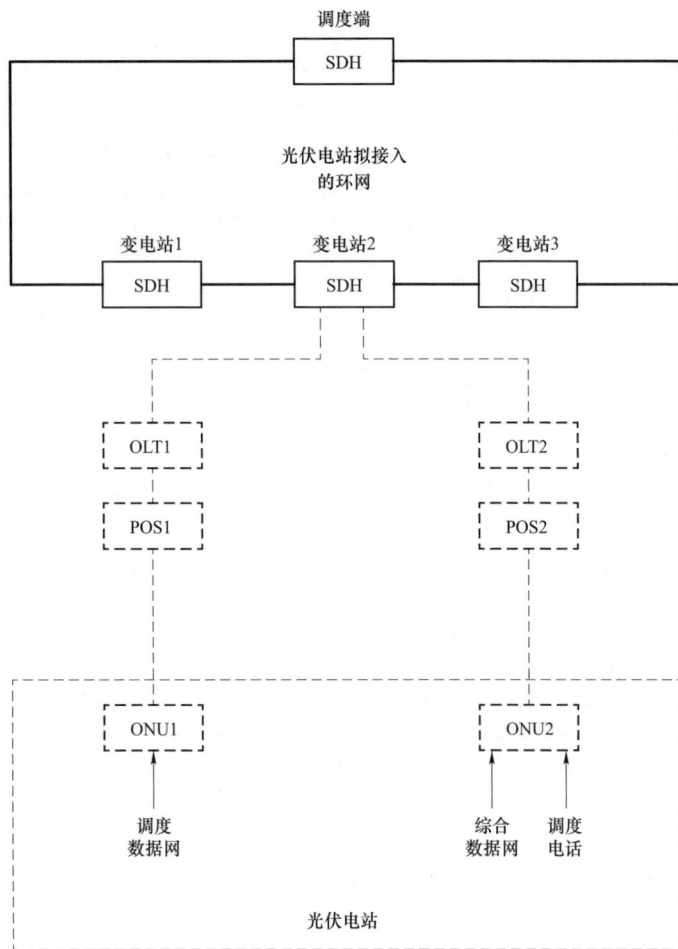

主要设备材料表

序号	厂站	设备名称	规格型号	单位	数量	备注
1	光伏电站	导引光缆	12 芯,GYFTZY	km	按需	
2		ONU		台	2	
3		光纤配线架	24	台	1	
4	公共开关站、环网室（箱）、配电室	光缆	12/24 芯	km	按需	通过公用 10kV 开关站、环网室（箱）、配电室光纤跳纤时需要
5		导引光缆	12 芯,GYFTZY	km	按需	通过公用 10kV 开关站、环网室（箱）、配电室光纤跳纤时需要
6		光纤配线架	24	套	2	通过公用 10kV 开关站、环网室（箱）、配电室光纤跳纤时需要
7	系统接入变电站	光缆	12/24 芯	km		直接采用其他路径新建光缆到变电站时需要
8		OLT		台	2	需要时
9		导引光缆	12 芯,GYFTZY	km	按需	直接采用其他路径新建光缆到变电站时需要
10		光纤配线架	24	套	1	直接采用其他路径新建光缆到变电站时需要
11		FE 接口板		块	2	需要时

注：1. 虚线表示新增设备或连接。

2. 本图适用于 EPON 公共开关站、环网室（箱）、配电室未实现配自动化。

图 4.3－14　光伏电站接入系统通信图（EPON）（二）（T－1－14）

调度端

光伏电站拟接入的环网

SDH

变电站1　变电站2　变电站3

SDH　SDH　SDH

OLT1　OLT2

POS1　POS2

原有ONU　原有ONU

工业以太网交换机　工业以太网交换机

公共10kV开关站

工业以太网交换机　工业以太网交换机

调度数据网　综合数据网　调度电话

光伏电站

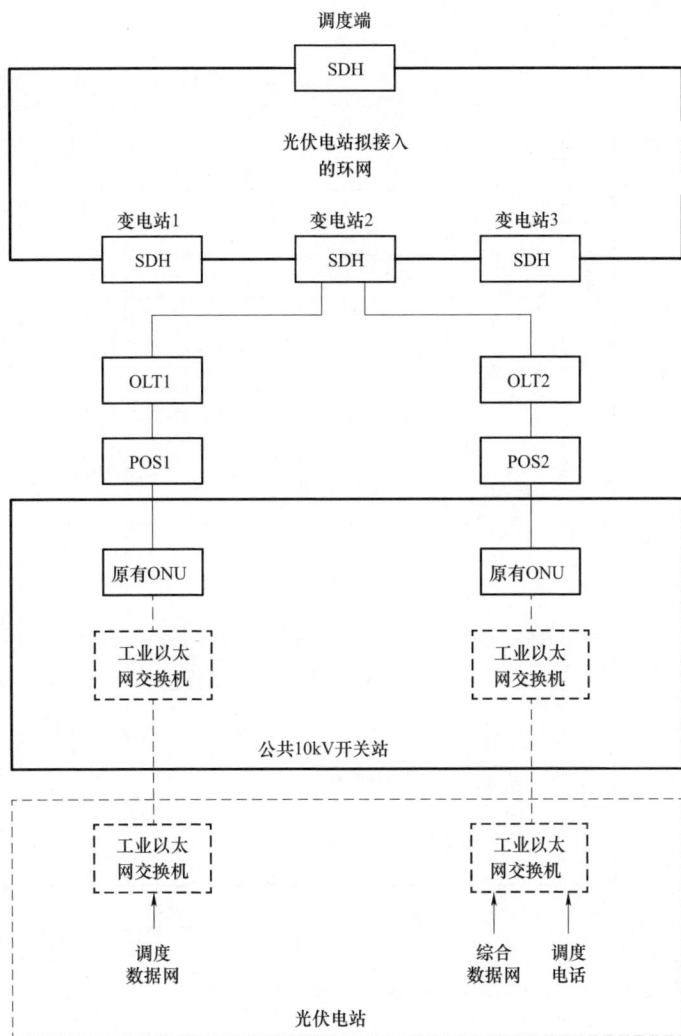

主 要 设 备 材 料 表

序号	厂站	设备名称	规格型号	单位	数量	备注
1	光伏电站	导引光缆	12芯，GYFTZY	km	按需	
2		工业以太网交换机		台	2	
3		综合配线架	光、音、网	台	1	
4	公共开关站、环网室（箱）、配电室	光缆	12/24芯	km	按需	
5		导引光缆	12芯，GYFTZY	km	按需	
6		综合配线架	光、音、网	台	1	
7		工业以太网交换机		台	2	

注：1. 虚线表示新增设备或连接。

　　2. 本图适用于工业以太网公共开关站、环网室（箱）、配电室已实现配自动化。

图 4.3-15　光伏电站接入系统通信图（工业以太网）（一）（T-1-15）

调度端

SDH

光伏电站拟接入
的环网

变电站1　　变电站2　　变电站3

SDH　　　SDH　　　SDH

工业以太
网交换机　　　工业以太
网交换机

工业以太
网交换机　　　工业以太
网交换机

调度
数据网　　　综合
数据网　调度
电话

光伏电站

主 要 设 备 材 料 表

序号	厂站	设备名称	规格型号	单位	数量	备注
1	光伏电站	导引光缆	12芯，GYFTZY	km	按需	
2		工业以太网交换机		台	2	
3		综合配线架	光、音、网	台	1	
4	公共开关站、环网室（箱）、配电室	光缆	12/24芯	km	按需	通过公用10kV开关站、环网室（箱）、配电室光纤跳纤时需要
5		导引光缆	12芯，GYFTZY	km	按需	通过公用10kV开关站、环网室（箱）、配电室光纤跳纤时需要
6		光纤配线架	24芯	块	2	通过公用10kV开关站、环网室（箱）、配电室光纤跳纤时需要
7	系统接入变电站	导引光缆	12芯，GYFTZY	km	按需	直接采用其他路径新建光缆到变电站时需要
8		综合配线架	光、音、网	台	1	直接采用其他路径新建光缆到变电站时需要
9		工业以太网交换机		台	2	

注：1. 虚线表示新增设备或连接。
2. 本图适用于工业以太网公共开关站、环网室（箱）、配电室未实现配自动化。

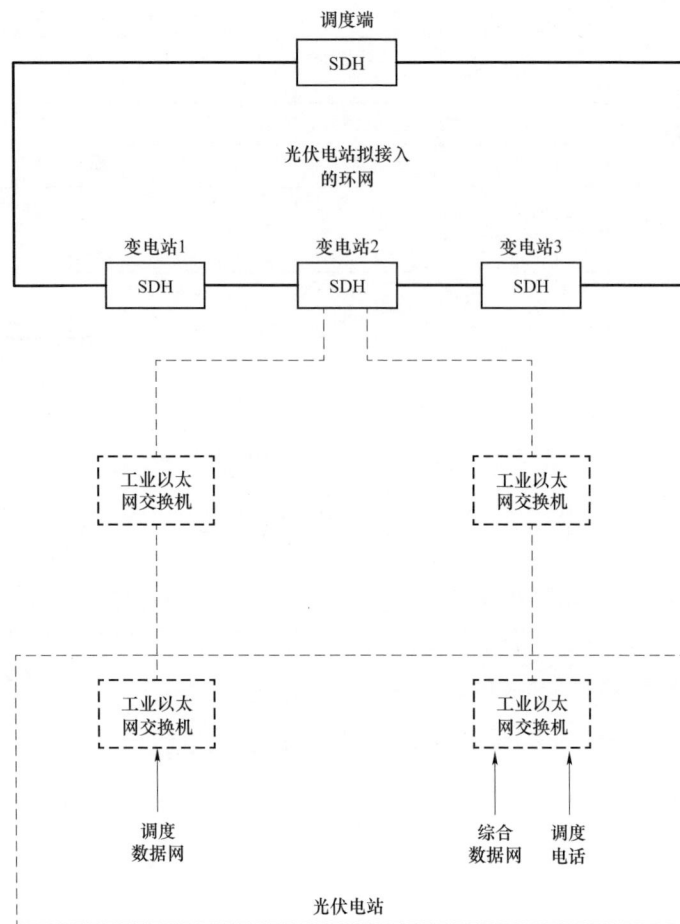

图 4.3-16　光伏电站接入系统通信图（工业以太网）（二）（T-1-16）

20MW 及以下分布式光伏集群项目接网工程典型设计

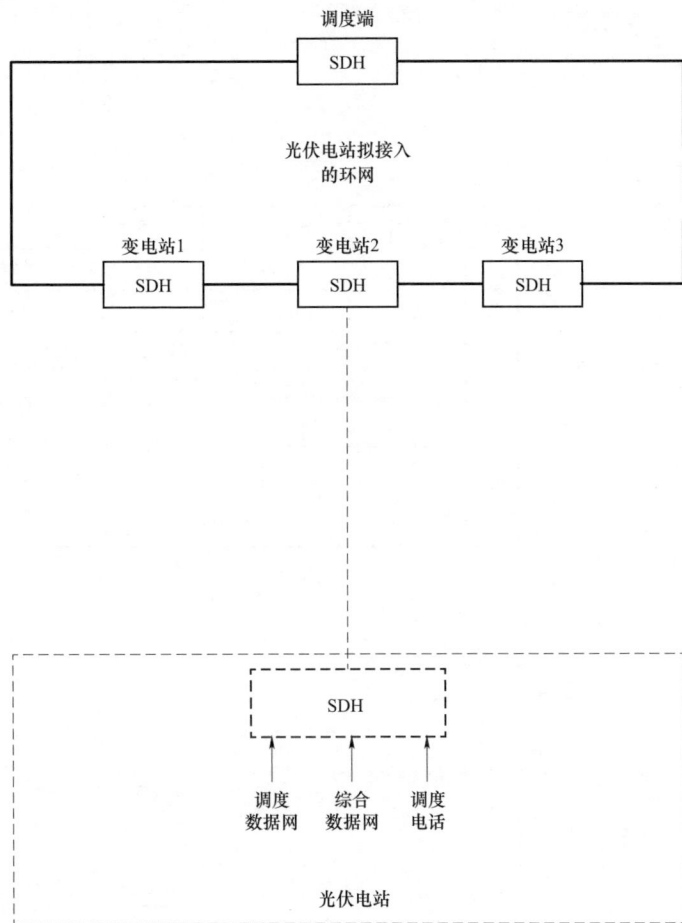

主 要 设 备 材 料 表

序号	厂站	设备名称	规格型号	单位	数量	备注
1	光伏电站	导引光缆	12 芯，GYFTZY	km	按需	
2		光端机	SDH 155M	台	1	
3		IAD 设备		台	1	
4		DC/DC 或 AC/DC 变换模块	−48V	组	2	
5		综合配线架	光、数、音	台	1	
6	系统接入变电站	光缆	12/24 芯	km	按需	
7		导引光缆	12 芯，GYFTZY	km	按需	
8		光纤配线架	24	套	1	
9		光接口	155M	台	2	
10	调度端	IAD 设备		台	1	

注：1. 虚线表示新增设备或连接。

2. 本图适用于接入公共开关站、环网箱、配电室、箱式变压器。

图 4.3－17　光伏电站接入系统通信图（SDH）（T－1－17）

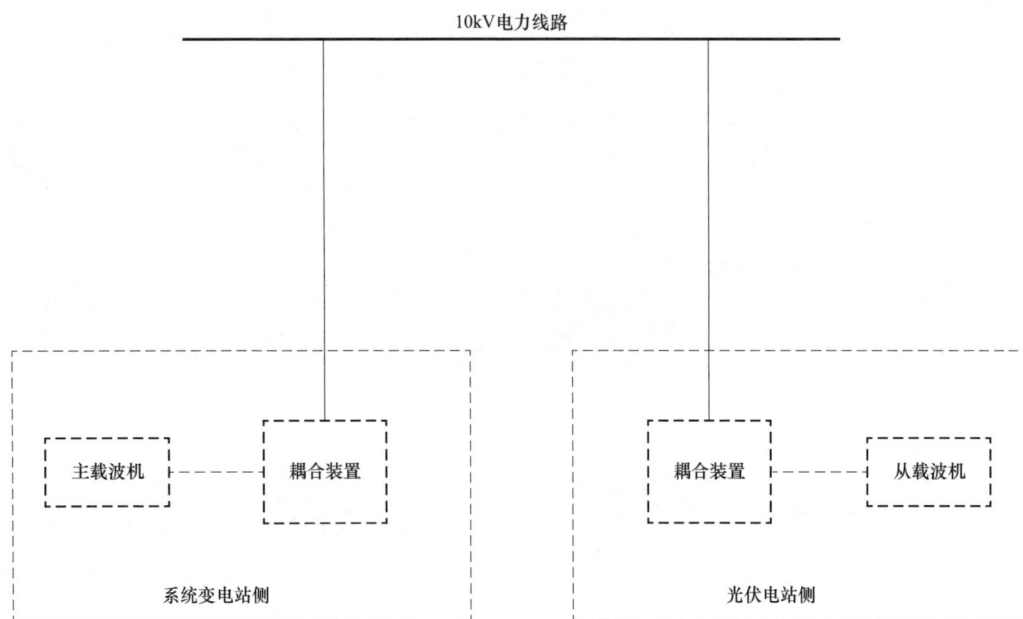

主 要 设 备 材 料 表						
序号	厂站	设备名称	规格型号	单位	数量	备注
1	光伏电站	从载波机		台	1	
2		高频电缆		km	按需	
3		耦合装置	线路阻波器、耦合电容器、结合录波器	台	1	
4	公共开关站、环网室(箱)、配电室	主载波机		台	1	
5		高频电缆		km	按需	
6		耦合装置	线路阻波器、耦合电容器、结合录波器	台	1	

注：1. 虚线表示新增设备或连接。

2. 本图适用于接入公共开关站、环网箱、配电室、箱式变压器。

图 4.3−18　光伏电站接入系统通信图（中压电力线载波）（T−1−18）

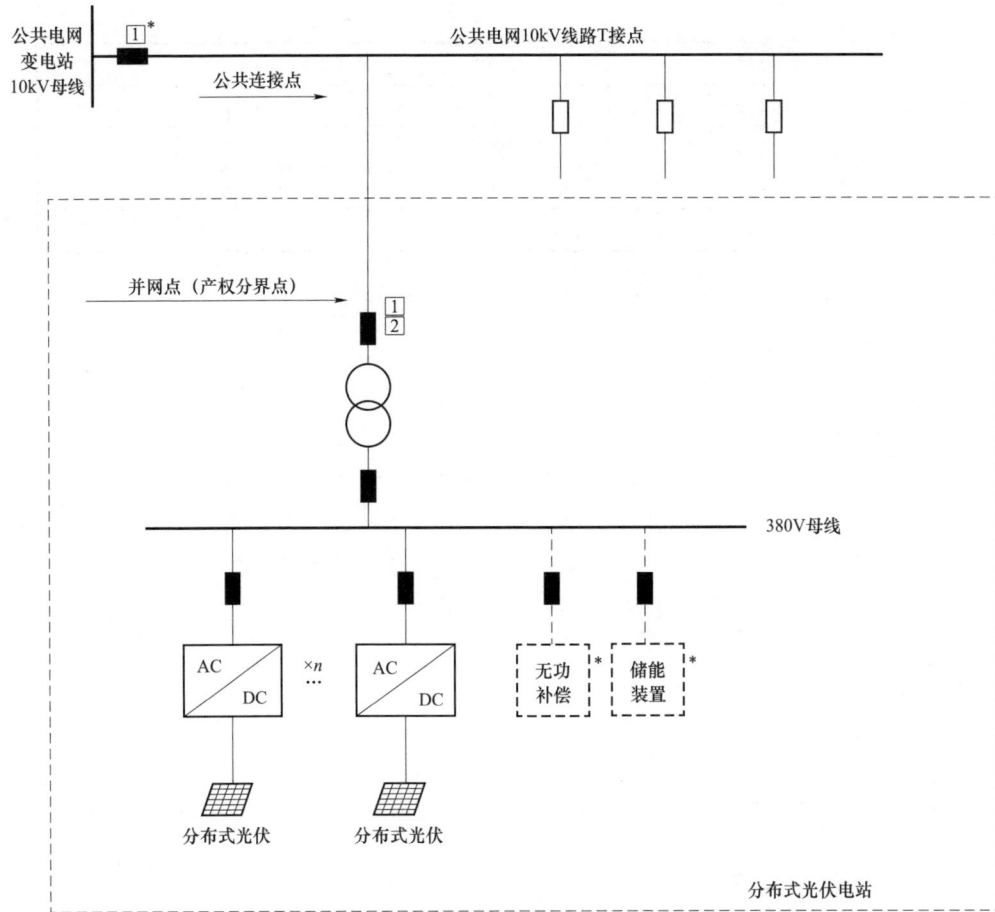

主 要 设 备 材 料 表

序号	厂站	设备名称	规格型号	单位	数量	备注
1	光伏电站	安全自动装置		套	1	
2	系统侧变电站	过电流 （或距离保护）*		套	1	

注: 1. 标*设备根据工程实际需求进行配置。

2. 本图适用于接入公共线路。

图例

| ⬜1 | 10kV线路过电流（或距离）保护 |
| ⬜2 | 安全自动装置 |

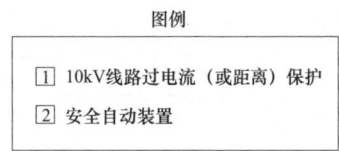

图 4.3–19 系统继电保护及安全自动化装置配置（方案一）（T–1–19）

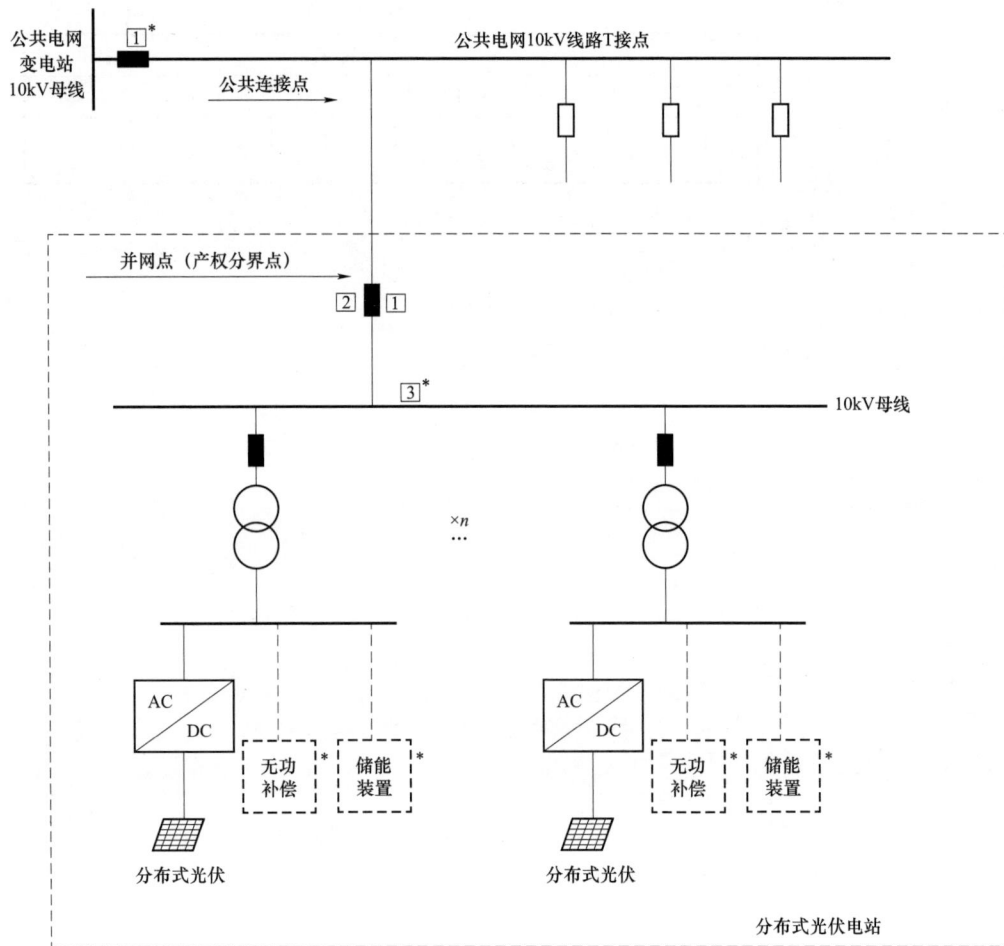

主 要 设 备 材 料 表

序号	厂站	设备名称	规格型号	单位	数量	备注
1		安全自动装置		套	1	
2	光伏电站	过电流（或距离保护）		套	1	
3		母线保护*		套	1	
4	变电站	过电流（或距离保护）*		套	1	

注：1. 标*设备根据工程实际需求进行配置。

2. 本图适用于接入公共线路。

图例

1　10kV线路过电流（或距离）保护

2　安全自动装置

3　10kV母线保护

图 4.3－20　系统继电保护及安全自动化装置配置（方案二）（T－1－20）

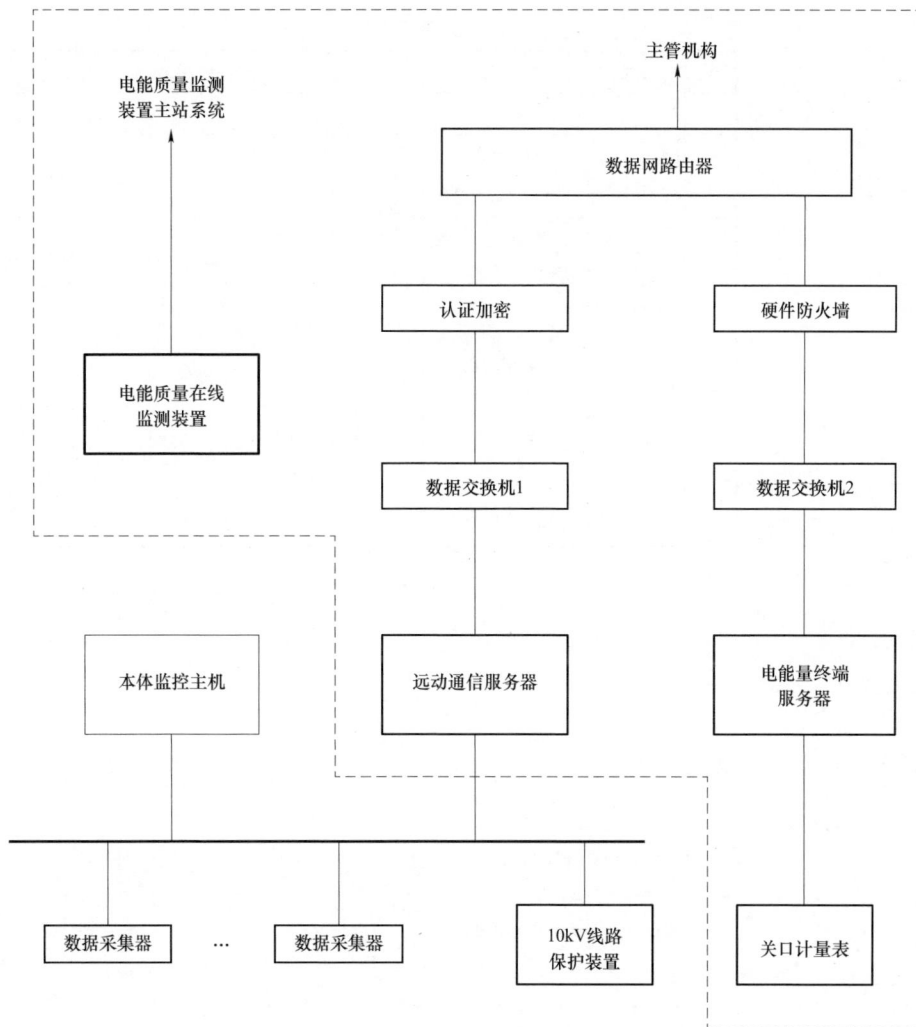

主 要 设 备 材 料 表

序号	厂站	设备名称	规格型号	单位	数量	备注
1	光伏电站	远动通信服务器		套	1	与本体计算机监控系统合一建设
2		关口电能表柜	含主、副表各一块	面	1	
3		电能量终端服务器		套		
4		电能质量在线监测装置		套	1	
5		MIS网三层交换机		台	1	
6		电力调度数据网接入设备柜	含1台路由器，2台交换机	面	1	
7		二次安全防护设备	含纵向加密装置1套，硬件防火墙1套	套	1	与调度数据网络设备共同组柜
8	变电站	关口电能表*		只	1	与对侧关口表型号一致

注：1. 标*设备根据工程实际需求进行配置。

2. 虚线框内为光伏电站系统远动设备。

3. 本图适用于公共线路。

4. 本图适用于光伏电站本体远动系统与监控系统合一建设。

图 4.3-21　光伏电站调度自动化系统配置（一）（T-1-21）

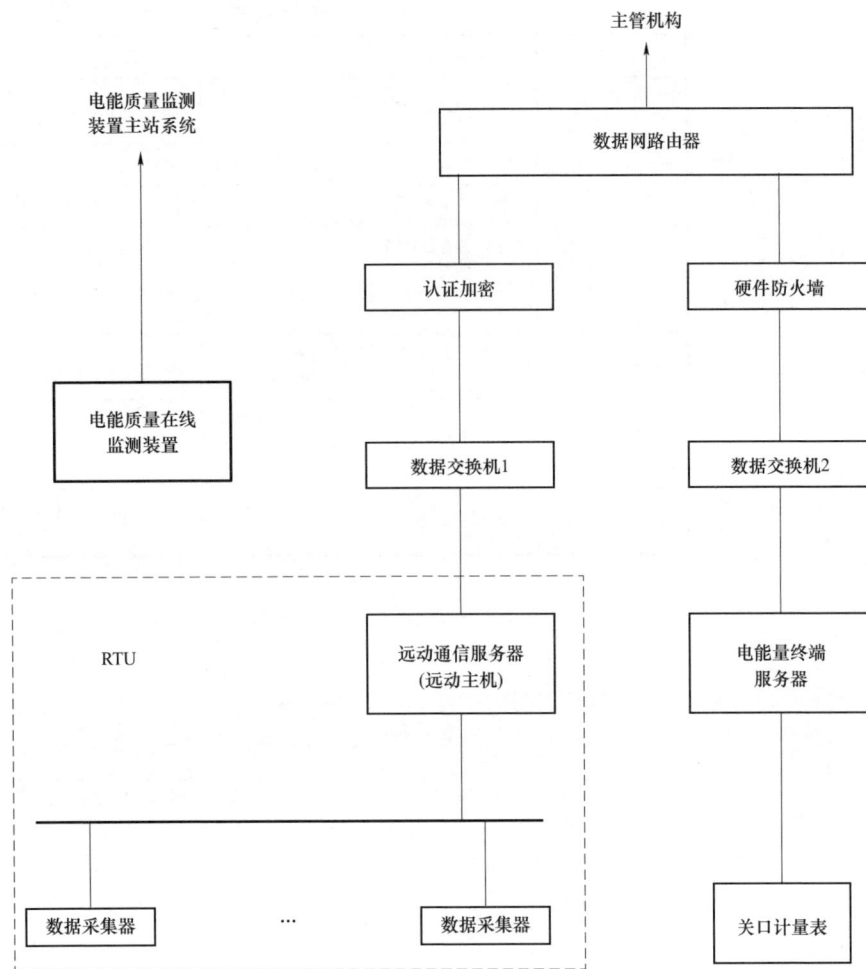

主要设备材料表

序号	厂站	设备名称	规格型号	单位	数量	备注
1	光伏电站	RTU		套	1	
2		关口电能表柜	含主、副表各一块	面	1	
3		电能量终端服务器		套		
4		电能质量在线监测装置		套	1	
5		MIS 网三层交换机		台	1	
6		电力调度数据网接入设备柜	含 1 台路由器，2 台交换机	面	1	
7		二次安全防护设备	含纵向加密装置 1 套，硬件防火墙 1 套	套	1	与调度数据网络设备共同组柜
8	变电站	关口电能表*		只	1	与对侧关口表型号一致

注：1. 标*设备根据工程实际需求进行配置。

2. 本图适用于公共线路。

3. 本图适用于光伏电站单独配置 RTU。

图 4.3－22　光伏电站调度自动化系统配置（二）（T－1－22）

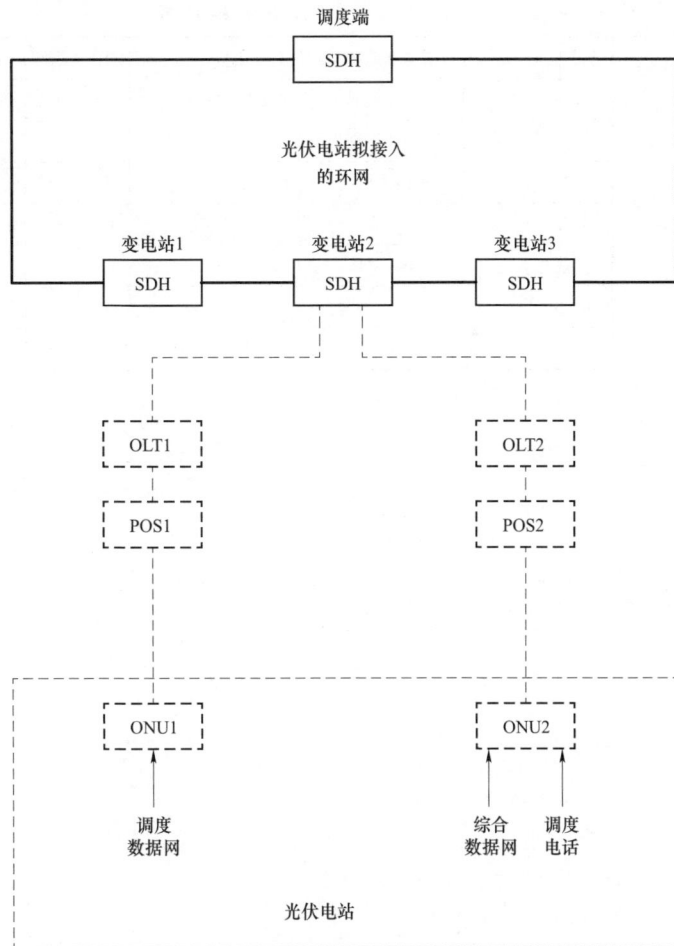

主 要 设 备 材 料 表

序号	厂站	设备名称	规格型号	单位	数量	备注
1	光伏电站	导引光缆	12 芯，GYFTZY	km	按需	
2		ONU		台	2	
3		光纤配线架	24	台	1	
4	系统接入变电站	光缆	12/24 芯	km	按需	
5		OLT		台	2	
6		导引光缆	12 芯，GYFTZY	km	按需	
7		光纤配线架	24	套	1	
8		FE 接口板		块	2	

注：1. 虚线表示新增设备或连接。

2. 本图适用于公共线路。

图 4.3-23 光伏电站接入系统通信图（EPON）（T-1-23）

调度端

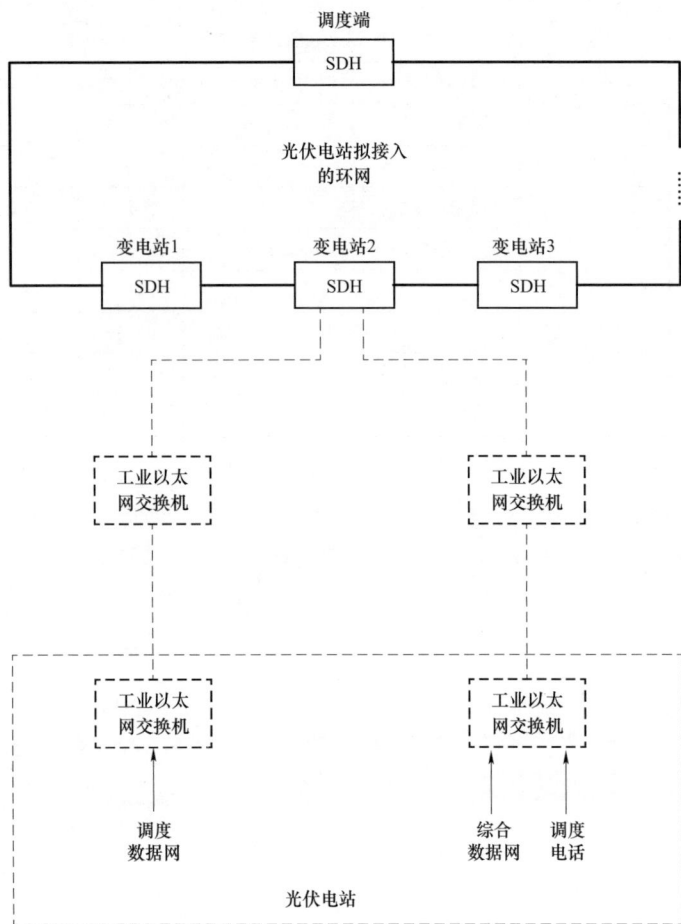

主 要 设 备 材 料 表

序号	厂站	设备名称	规格型号	单位	数量	备注
1		导引光缆	12 芯，GYFTZY	km	按需	
2	光伏电站	工业以太网交换机		台	2	
3		综合配线架	光、音、网	台	1	
4		光缆	12/24 芯	km	按需	
5	系统接入变电站	导引光缆	12 芯，GYFTZY	km	按需	
6		光纤配线架	24 芯	套	1	
7		工业以太网交换机		台	2	

SDH

光伏电站拟接入的环网

变电站1　　变电站2　　变电站3

SDH　　SDH　　SDH

工业以太网交换机　　工业以太网交换机

工业以太网交换机　　工业以太网交换机

调度数据网　　综合数据网　调度电话

光伏电站

注：1. 虚线表示新增设备或连接。

2. 本图适用于公共线路。

图 4.3－24　光伏电站接入系统通信图（工业以太网）（T－1－24）

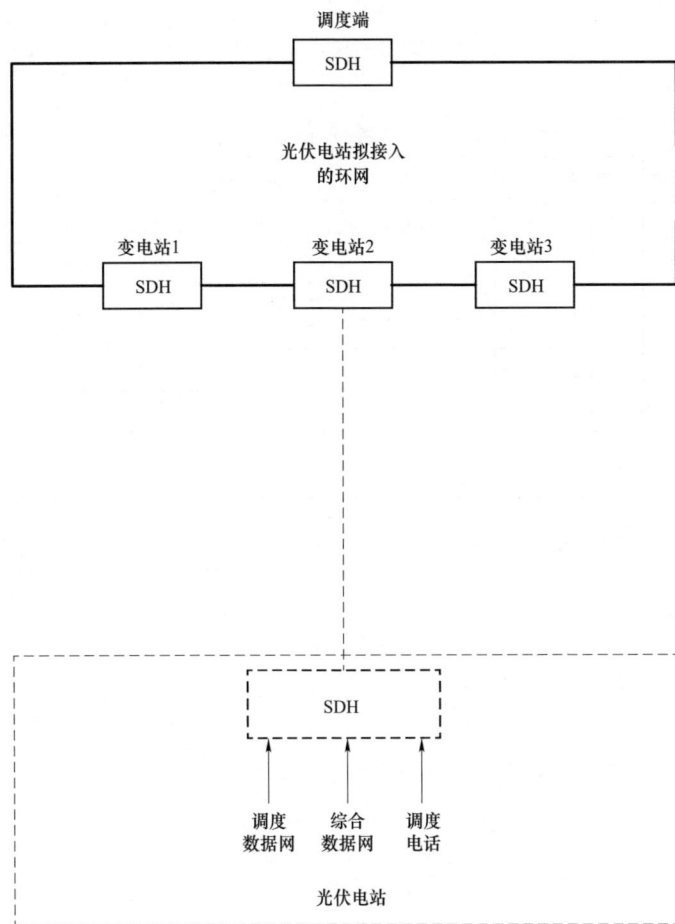

主 要 设 备 材 料 表

序号	厂站	设备名称	规格型号	单位	数量	备注
1	光伏电站	导引光缆	12 芯，GYFTZY	km	按需	
2		光端机	SDH 155M	台	1	
3		IAD 设备		台	1	
4		DC/DC 或 AC/DC 变换模块	−48V	组	2	
5		综合配线架	光、数、音	台	1	
6	系统接入变电站	光缆	12/24 芯	km	按需	
7		导引光缆	12 芯，GYFTZY	km	按需	
8		光纤配线架	24	套	1	
9		光接口	155M	台	2	
10	调度端	IAD 设备		台	1	

注：1. 虚线表示新增设备或连接。

2. 本图适用于公共线路。

图 4.3−25 光伏电站接入系统通信图（SDH）（T−1−25）

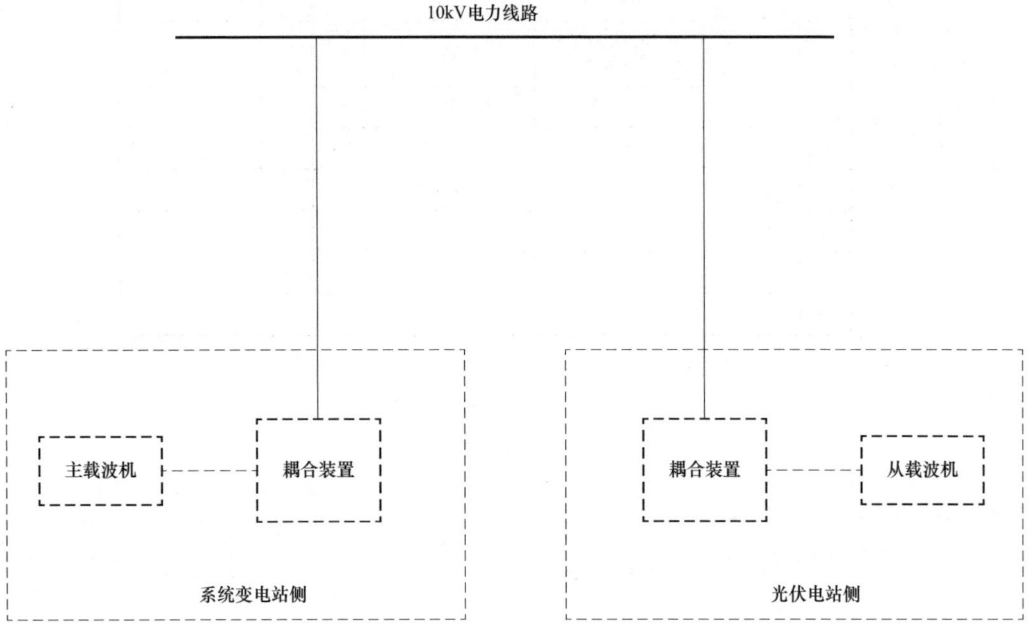

主 要 设 备 材 料 表

序号	厂站	设备名称	规格型号	单位	数量	备注
1	光伏电站	从载波机		台	1	
2		高频电缆		km	按需	
3		耦合装置	线路阻波器、耦合电容器、结合录波器	台	1	
4	系统接入变电站	主载波机		台	1	
5		高频电缆		km	按需	
6		耦合装置	线路阻波器、耦合电容器、结合录波器	台	1	

10kV电力线路

主载波机 --- 耦合装置

耦合装置 --- 从载波机

系统变电站侧

光伏电站侧

注：虚线表示新增设备或连接。

图 4.3－26 光伏电站接入系统通信图（中压电力线载波）（T－1－26）

4.4 接入用户 10kV 母线方案典型设计（GF10-Z-1）

4.4.1 方案概述

该方案为光伏接入系统典型设计方案，方案号为 GF10-Z-1。

a）适用范围。适用于 10kV 余电上网（接入用户电网）的分布式光伏项目。

b）参考容量。单个并网点装机容量 0.4～6MW。对于年自发自用电量大于 50%、公共连接点的最大等效电源出力小于 6MW 的分布式光伏项目，在不超出区域承载力时可考虑 10kV 接入。

c）方案描述。分布式光伏电站经 1 回或多回线路接入用户 10kV 母线。

4.4.2 接入系统一次

光伏电站接入系统方案需结合电网规划、分布式电源规划，按照就近分散接入，就地平衡消纳的原则进行设计。

4.4.2.1 送出方案

本方案通过 1 回或多回线路接入用户 10kV 母线，主要适用于余电上网的光伏电站，公共连接点可为用户 10kV 母线，单个并网点参考装机容量 0.4～6MW。当并网点与接入点之间距离很短时，可以在光伏电站与用户母线之间只装设一个开关设备，并将相关保护配置于该设备。一次系统接线示意图见图 4.4-1。

4.4.2.2 电气计算

（1）潮流分析。本方案设计中应对设计水平年有代表性的正常最大、最小负荷运行方式，检修运行方式，以及事故运行方式进行分析，必要时进行潮流计算。

（2）短路电流计算。计算设计水平年系统最大运行方式下，电网公共连接点和光伏电站并网点在光伏电站接入前后的短路电流，为电网相关厂站及光伏电站的开关设备选择提供依据。如短路电流超标，应提出相应控制措施。当无法确定光伏逆变器具体短路特征参数情况下，考虑一定裕度，光伏发电提供的短路电流按照 1.5 倍额定电流计算。

（3）电能质量分析。

1）光伏发电系统向当地交流负荷提供电能和向电网送出电能的质量，在谐波、电压偏差、电压不平衡、电压波动等方面，满足现行国家标准 GB/T 14549《电能质量　公共电网谐波》、GB/T 12325《电能质量　供电电压偏差》、GB/T 15543《电能质量　三相电压不平衡》、GB/T 12326《电能质量　电压波动和闪

变》的有关规定；

2）光伏发电系统向公共连接点注入的直流电流分量不应超过其交流额定值的 0.5%。

（4）无功平衡计算。

1）本方案光伏发电系统的无功功率和电压调节能力应满足相关标准的要求，选择合理的无功补偿措施；

2）光伏发电系统无功补偿容量的计算，应充分考虑逆变器功率因数、汇集线路、变压器和送出线路的无功损失等因素；

3）通过 10kV 电压等级并网的光伏发电系统功率因数应在 0.98 以上，光伏发电系统接入后，用户功率因数应满足相关要求；

4）光伏电站配置的无功补偿装置类型、容量及安装位置应结合光伏发电系统实际接入情况确定，必要时安装动态无功补偿装置。

4.4.3 主要设备选择原则

（1）主接线。10kV 采用线变组或单母线接线。

（2）升压站主变压器。光伏电站内升压变压器容量一般按照光伏装机容量的 1～1.1 倍选取，电压等级为 10/0.4kV。当分布式光伏接入不能满足调压或电压质量要求时，可采用有载调压变压器。若变压器同时为负荷供电，可根据实际情况选择容量。

（3）送出线路导线截面。光伏电站送出线路导线截面选择应遵循以下原则：

1）光伏电站送出线路导线截面选择需根据所需送出的容量、并网电压等级选取，并考虑分布式电源发电效率等因素；

2）光伏电站送出线路导线截面一般按持续极限输送容量选择。

（4）开断设备。光伏电站并网点应安装易操作、可闭锁、具有明显开断点、带接地功能、可开断故障电流的开断设备。

当光伏电站并网公共连接点配置负荷开关时，宜改造为断路器。

根据短路电流水平选择设备开断能力，并需留有一定裕度，一般不小于 20kA。

4.4.4 电气主接线

电气主接线方案见图 4.4-2。

4.4.5 系统对光伏电站的技术要求

4.4.5.1 电能质量

由于光伏发电系统出力具有波动性和间歇性，另外光伏发电系统通过逆

变器将太阳能电池方阵输出的直流转换交流供负荷使用，含有大量的电力电子设备，接入配电网会对当地电网的电能质量产生一定的影响，包括谐波、电压偏差、电压波动、电压不平衡度和直流分量等方面。为了能够向负荷提供可靠的电力，由光伏发电系统引起的各项电能质量指标应该符合相关标准的规定。

（1）谐波。光伏电站接入电网后，公共连接点的谐波电压应满足 GB/T 14549《电能质量　公共电网谐波》的规定。

光伏电站接入电网后，公共连接点处的总谐波电流分量（方均根）应满足 GB/T 14549《电能质量　公共电网谐波》的规定，详见附录 A。

其中光伏电站向电网注入的谐波电流允许值按此光伏电站安装容量与其公共连接点的供电设备容量之比进行分配。

（2）电压偏差。光伏电站接入电网后，公共连接点的电压偏差应满足 GB/T 12325《电能质量　供电电压偏差》的规定，10kV 三相供电电压偏差为标称电压的±7%。

（3）电压波动。光伏电站接入电网后，公共连接点的电压波动应满足 GB/T 12326《电能质量　电压波动和闪变》的规定。对于光伏电站出力变化引起的电压变动，其频度可以按照 $1 < r \leq 10$（每小时变动的次数在 10 次以内）考虑，因此光伏电站接入引起的公共连接点电压变动最大不得超过 3%。

（4）电压不平衡度。光伏电站接入电网后，公共连接点的三相电压不平衡度应不超过 GB/T 15543《电能质量　三相电压不平衡》规定的限值，公共连接点的负序电压不平衡度应不超过 2%，短时不得超过 4%；其中由光伏电站引起的负序电压不平衡度应不超过 1.3%，短时不超过 2.6%。

（5）直流分量。光伏电站向公共连接点注入的直流电流分量不应超过其交流额定值的 0.5%。

4.4.5.2　电压异常时的响应特性

本方案光伏电站应按照附录 B 要求的时间停止向电网线路送电，此要求适用于三相系统中的任何一相。

4.4.5.3　频率异常时的响应特性

本方案应具备一定的耐受系统频率异常的能力，应能够在附录 C 所示电网频率偏离下运行。

4.4.6　接入系统二次

接入系统二次部分根据系统一次接入方案，结合有关现状进行设计，包括系统继电保护及安全自动装置、系统调度自动化、系统通信。

4.4.6.1　系统继电保护及安全自动装置

配置及选型如下：

（1）10kV 线路保护。

1）配置原则。光伏电站线路发生短路故障时，线路保护能快速动作，瞬时跳开相应断路器，满足全线故障时快速可靠切除故障的要求。

专线接入用户 10kV 母线时，可在 10kV 线路用户侧配置 1 套线路过电流保护或距离保护，光伏电站侧可不配置线路保护，靠用户侧切除线路故障。

当上述两种保护无法整定或配合困难以及对供电可靠性要求较高时，宜配置纵联电流差动保护。

2）技术要求。

a. 线路保护应适用于系统一次特性和电气主接线的要求。

b. 线路两侧纵联保护配置与选型应相互对应，保护的软件版本应完全一致。

c. 被保护线路在空载、轻载、满载等各种工况下，发生金属性和非金属性的各种故障时，线路保护应能正确动作。系统无故障、外部故障、故障转换以及系统操作等情况下保护不应误动。

d. 在本线发生振荡时保护不应误动，振荡过程中再故障时，应保证可靠切除故障。

e. 主保护整组动作时间不大于 20ms（不包括通道传输时间），返回时间不大于 30ms（从故障切除到保护出口接点返回）。

f. 手动合闸或重合于故障线路上时，保护应能可靠瞬时三相跳闸。手动合闸或重合于无故障线路时应可靠不动作。

g. 保护装置应具有良好的滤波功能，具有抗干扰和抗谐波的能力。在系统投切变压器、静止补偿装置、电容器等设备时，保护不应误动作。

（2）母线保护。

1）配置原则。若光伏电站侧为线变组接线经升压变后直接输出，不配置母线保护。

对于设置 10kV 母线的光伏电站，10kV 母线保护配置应与 10kV 线路保护统筹考虑。当系统侧配置线路过电流或距离保护时，光伏电站侧可不配置母线保护，仅由线路保护切除故障；当线路两侧配置线路纵联电流差动保护时，光伏电站侧宜相应配置保护装置，快速切除母线故障；如后备保护不能满足要求，也可配置专用母线保护，快速切除母线故障。

2）技术要求。

a. 母线保护接线应能满足终期规模电气一次接线的要求。

b. 母线保护应具有比率制动特性，以提高安全性。

c. 母线保护不应受电流互感器暂态饱和的影响而发生不正确动作，并应允许使用不同变比的电流互感器。

d. 母线保护不应因母线故障时流出母线的短路电流影响而拒动。

（3）安全自动装置。在光伏电站侧设置安全自动装置等设备，具备防孤岛保护功能及频率电压异常紧急控制功能，跳开光伏电站侧断路器。

光伏电站逆变器必须具备快速监测孤岛且监测到孤岛后立即断开与电网连接的能力，其防孤岛方案应与继电保护配置、安全自动装置配置和低电压穿越等相配合，时间上互相匹配。

（4）用户侧变电站。

1）继电保护。需要校验用户侧变电站的相关保护是否满足光伏电站接入要求。若能满足接入的要求，予以说明即可；若不能满足光伏电站接入方案的要求，则用户侧变电站需要做相关保护配置方案。

2）其他要求。需核实用户侧备自投方案，要求根据防孤岛检测方案，提出调整方案。

光伏电站线路接入后，备自投动作时间须躲过光伏电站防孤岛动作时间。

（5）系统侧变电站。

1）线路保护。需要校验系统侧变电站的相关的线路保护是否满足光伏电站接入要求。若能满足接入的要求，予以说明即可。若不能满足光伏电站接入方案的要求，则系统侧变电站需要做相关的线路保护配置方案。

2）母线保护。需要校验系统侧变电站的母线保护是否满足接入方案的要求。若能满足接入的要求，予以说明即可；若不能满足要求时，则变电站或开关站侧需要配置保护装置，快速切除母线故障。

3）其他要求。需核实系统侧变电站备自投方案、相关线路的重合闸方案，要求根据防孤岛检测方案，提出调整方案。

a. 光伏电站线路接入变电站后，备自投动作时间须躲过光伏电站防孤岛检测动作时间。

b. 10kV 公共电网线路投入自动重合闸时，应校核重合闸时间。

（6）对其他专业的要求。

1）对电气一次专业。系统继电保护应使用专用的电流互感器和电压互感器的二次绕组，电流互感器准确级宜采用 5P、10P 级，电压互感器准确级宜采用 0.5、3P 级。

2）对通信专业的要求。系统继电保护及安全自动装置要求提供足够的可靠的信号传输通道。

3）光伏电站内宜具备直流电源和 UPS 电源，供新配置的保护装置、测控装置等设备使用。

4.4.6.2 系统调度自动化

（1）调度关系及调度管理。调度管理关系根据相关电力系统调度管理规定、调度管理范围划分原则确定。远动信息的传输原则根据调度运行管理关系确定。

（2）配置及要求。

1）光伏电站远动系统。光伏电站本体远动系统功能宜由本体监控系统集成，本体监控系统具备信息远传功能；本体不具备条件时，应独立配置远方终端，采集相关信息。

方案一：光伏电站本体配置监控系统，具备远动功能，有关光伏电站本体的信息的采集、处理采用监控系统来完成，该监控系统配置单套用于信息远传的远动通信服务器。

光伏电站监控系统实时采集并网运行信息，主要包括并网点开关状态、并网点电压和电流、光伏发电系统有功功率和无功功率、光伏发电量等，并上传至相关电网调度部门；配置远程遥控装置的分布式光伏，应能接收、执行调度端远方控制解并列、启停和发电功率的指令。

方案二：单独配置技术先进、易于灵活配置的 RTU（单套远动主机配置），需具备遥测、遥信、遥控、遥调及网络通信等功能，实时采集并网运行信息，主要包括并网点开关状态、并网点电压和电流、光伏发电系统有功功率和无功功率、光伏发电量等，并上传至相关电网调度部门；配置远程遥控装置的分布式光伏，应能接收、执行调度端远方控制解并列、启停和发电功率的指令。

2）有功功率控制及无功电压控制。光伏电站远动通信服务器需具备与控制系统的接口，接受调度部门的指令，具体调节方案由调度部门根据运行方式确定。

光伏电站有功功率控制系统应能够接收并执行电网调度部门发送的有功功率及有功功率变化的控制指令，确保光伏电站有功功率及有功功率变化按照电力调度部门的要求运行。

光伏电站无功电压控制系统应能根据电力调度部门指令，调节其发出（或吸收）的无功功率，控制并网点电压在正常运行范围内，其调节速度和控制精度应能满足电力系统电压调节的要求。

3）电能量计量。

a. 安装位置与要求。本方案除单套设置并网电能表外，还应在产权分界点设置关口计量电能表（最终按用户与业主计量协议为准），安装同型号、同规格、准确度相同的主、副电能表各一套。主、副表应有明确标志。

b. 技术要求。电能计量装置的配置和技术要求应符合 DL/T 448 和 DL/T 614 的要求。电能表采用静止式多功能电能表，至少应具备双向有功和四象限无功计量功能、事件记录功能，配有标准通信接口，具备本地通信和通过电能信息采集终端远程通信的功能，电能表通信协议符合 DL/T 645。

10kV 关口计量电能表和并网电能表准确度等级应为有功 0.2S 级，无功 2.0 级，并且要求有关电流互感器、电压互感器的准确度等级需分别达到 0.2S 级、0.2 级。

c. 计量信息统计与传输。配置计量终端服务器 1 台，计费表采集信息通过计量终端服务器接入计费主站系统（电费计量信息），电价补偿计量信息也可由计费主站系统统一收集后，转发光伏发电管理部门。

4）电能质量监测装置。需要在并网点装设满足 GB/T 19862《电能质量监测设备通用要求》标准要求的 A 类电能质量在线监测装置一套。监测电能质量参数，包括电压、频率、谐波、功率因数等。

电能质量在线监测数据需上传至相关主管机构。

5）系统变电站。本方案光伏电站接入系统变电站后，变电站调度管理关系不变。需相应配置测控装置，采集光伏电站线路的相关信息，并接入本变电站现有监控系统。

6）远动信息内容。远动信息内容见 3.4.3.2。

7）远动信息传输。光伏电站的远动信息传送到调度主管机构，应采用专网方式，宜单路配置专网远动通道，优先采用电力调度数据网络。一般可采取基于 DL/T 634.5101 和 DL/T 634.5104 通信协议。

当采用电力调度数据网络时，需在光伏电站配置调度数据专网接入设备 1

套，组柜安装于光伏电站二次设备室。

8）二次安全防护。为保证光伏电站内计算机监控系统的安全稳定可靠运行，防止站内计算机监控系统因网络黑客攻击而引起电网故障，二次安全防护实施方案配置如下：

a. 按照"安全分区、网络专用、横向隔离、纵向认证"的基本原则，配置站内二次系统安全防护设备。

b. 纵向安全防护：控制区的各应用系统接入电力调度数据网前应加装 IP 认证加密装置，非控制区的各应用系统接入电力调度数据网前应加装防火墙。

c. 横向安全防护：控制区和非控制区的各应用系统之间宜采用 MPLS VPN 技术体制，划分为控制区 VPN 和非控制区 VPN。

若采用电力数据网接入方式，需相应配置 1 套纵向 IP 认证加密装置和 1 套硬件防火墙。

若采用无线专网方式，需配置加密装置。

若站内监控系统与其他系统存在信息交换，应按照上述二次安全防护要求采取安全防护措施。

4.4.6.3 系统通信

（1）系统概述。着重介绍光伏电站一次接入系统方案中的接入线路起讫点、新建线路与相关原有线路的关系、相关线路长度等与通信方案密切相关的情况。

（2）信息需求。明确调度关系，根据调度组织关系、运行管理模式和电力系统接线，提出线路保护、安全自动装置、调度自动化等相关信息系统对通道的要求，以及光伏电站至调度、集控中心、运行维护等单位的各类信息通道要求。

（3）通信现状。简述与光伏电站相关的电力系统通信现状，包括传输型式、电路制式、电路容量、组网路由、设备配置、相关光缆情况等。

（4）通信方案。为满足光伏电站的信息传输需求，结合接入条件，因地制宜地确定光伏电站的通信方案。

1）光纤通信。结合各地电网整体通信网络规划，采用 EPON 技术、工业以太网技术、SDH/MSTP 技术等多种光纤通信方式。

a. 光缆建设方案。根据光伏电站新建 10kV 送出线路的不同型式，光缆可以采用 ADSS 光缆、普通光缆，光缆芯数 12 芯或 24 芯，光缆纤芯均采用 ITU-T

G.652 光纤。利用光伏电站新建 10kV 送出线路路径新建光缆到用户站，通过用户站 10kV 侧跳纤到变电站；也可采用其他路径直接新建光缆到变电站。进入光伏电站的引入光缆，宜选择非金属阻燃光缆。

b. 通信电路建设方案。光缆通信系统可采用 EPON 传输系统，工业以太网传输系统，SDH 传输系统三个方案。

a）EPON 方案。为满足电力系统安全分区的要求，在光伏电站配 2 台 ONU 设备，利用上述光缆，形成光伏电站至系统侧的通信电路，将光伏电站的通信、自动化等信息接入系统。其中 1 台 ONU 设备传输调度数据网至接入变电站 OLT1（配网控制）；另外 1 台用于传输综合数据网及调度电话业务至接入变电站 OLT2（配网管理）。方案如图 4.4-8。

本方案应上传用户 10kV 开关站内关口计量电能表的数据。若用户 10kV 开关站内已具备与系统侧之间的通信通道，则利用原有通道上传信息；若用户 10kV 开关站不具备与系统侧之间的通信通道，则需根据实际情况建立合适的通信通道上传信息。

b）工业以太网方案。为满足电力系统安全分区的要求，在光伏电站配置 2 台工业以太网交换机，在光伏电站接入的变电站配置 2 台工业以太网交换机，利用上述光缆，形成光伏电站至接入变电站的通信电路，将光伏电站的通信、自动化等信息接入系统。其中 1 台工业以太网交换机传输调度数据网（配网控制）；另外 1 台用于传输综合数据网及调度电话业务（配网管理）。方案如图 4.4-9 所示。

方案应上传用户 10kV 开关站内关口计量电能表的数据。若用户 10kV 开关站内已具备与系统侧之间的通信通道，则利用原有通道上传信息；若用户 10kV 开关站不具备与系统侧之间的通信通道，则需根据实际情况建立合适的通信通道上传信息。

c）SDH 方案。在光伏电站配置 1 台 SDH155M 光端机，并在接入变电站现有的设备上增加 2 个 155M 光口，利用上述光缆，建设光伏电站至接入变电站的 1+1 通信电路，将光伏电站的通信、自动化等信息接入系统，形成光伏电站至系统的通信通道。方案如图 4.4-10 所示。

本方案应上传用户 10kV 开关站内关口电能表的数据。若用户 10kV 开关站内已具备与系统侧之间的通信通道，则利用原有通道上传信息；若用户 10kV 开关站不具备与系统侧之间的通信通道，则需根据实际情况建立合适的通信通道上传信息。

2）中压电力线载波。在光伏电站拟接入变电站侧配置主载波机，光伏电站侧配置从载波机，主载波机依据线路结构对下进行载波组网，并通过载波通信方式将终端数据汇聚至主载波机，将数据信息上传。载波组网通信采用一主多从的方式组网，即一个载波主机和多个载波从机组成一个载波通信网络，载波主机和载波从机之间采用问答方式进行数据传输，载波从机之间不进行数据传输。方案如图 4.4-11 所示。

3）无线方式。光伏电站接入可采用无线公网通信方式，但应采取信息安全防护措施。当有控制要求时，不应采用无线公网通信方式。

无线公网的通信方式应满足 Q/GDW 625《配电自动化建设与改造标准化设计技术规定》和 Q/GDW 380.2《电力用户用电信息采集系统管理规范　第二部分　通信信道建设管理规范》的相关规定，采取可靠的安全隔离和认证措施，支持用户优先级管理。

（5）业务组织。根据光伏电站信息传输需求和通信方案，对光伏电站各业务信息通道组织。

（6）通信设备供电。对于使用 EPON 和工业以太网接入方案的光伏电站，建议采用站内 UPS 交流系统为设备供电；对于使用 SDH 接入方案的光伏电站，建议采用站用直流或交流系统通过 DC/DC 或 AC/DC 变换为 −48V 为设备供电。

4.4.7　GF10-Z-1 方案设计图清单（见表 4.4-1）

表 4.4-1　　　　　　　　　　GF10-Z-1 方案设计图清单

图序	图名	图纸编号
图 4.4-1	一次系统接线示意图	Z-1-01
图 4.4-2	电气主接线图（一）	Z-1-02
图 4.4-3	电气主接线图（二）	Z-1-03
图 4.4-4	系统继电保护及安全自动化装置配置（方案一）	Z-1-04
图 4.4-5	系统继电保护及安全自动化装置配置（方案二）	Z-1-05
图 4.4-6	光伏电站调度自动化系统配置（一）	Z-1-06
图 4.4-7	光伏电站调度自动化系统配置（二）	Z-1-07
图 4.4-8	光伏电站接入系统通信图（EPON）	Z-1-08
图 4.4-9	光伏电站接入系统通信图（工业以太网）	Z-1-09
图 4.4-10	光伏电站接入系统通信图（SDH）	Z-1-10
图 4.4-11	光伏电站接入系统通信图（中压电力线载波）	Z-1-11

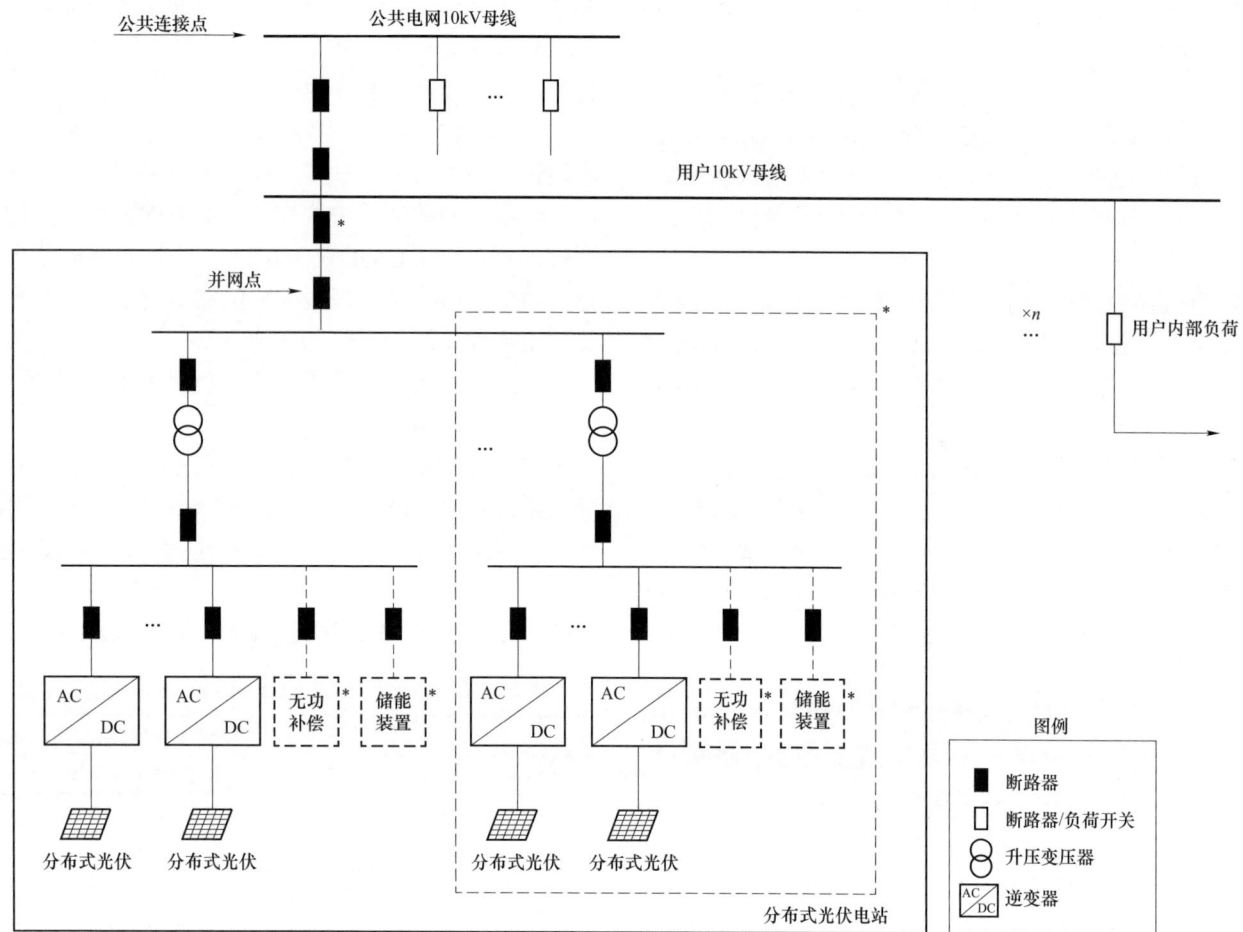

图 4.4-1　一次系统接线示意图（Z-1-01）

注：1. 标*设备根据工程实际需求进行配置。

　　2. 无功和储能的配置点根据实际情况确定。

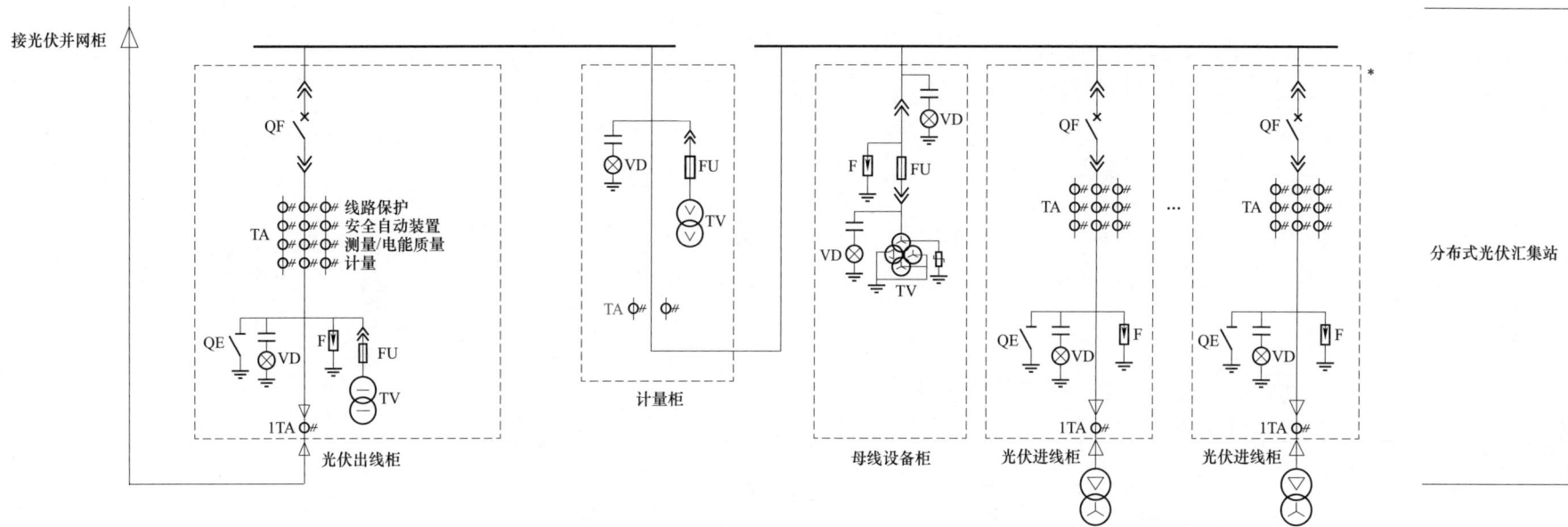

接光伏并网柜

线路保护
安全自动装置
测量/电能质量
计量

QF
QE
TA
F
FU
VD
TV
1TA
光伏出线柜

VD
FU
TV
TA
计量柜

F
FU
VD
TV
VD
母线设备柜

QF
TA
QE
VD
F
1TA
光伏进线柜

...

QF
TA
QE
VD
F
1TA
光伏进线柜

*

分布式光伏汇集站

图例

QF	断路器	F	避雷器
QE	接地开关	FU	熔断器
TA	电流互感器	TV	电压互感器
1TA	零序电流互感器	VD	带电显示器

注: 标*设备根据工程实际需求进行配置。

图 4.4-2 电气主接线图（一）（Z-1-02）

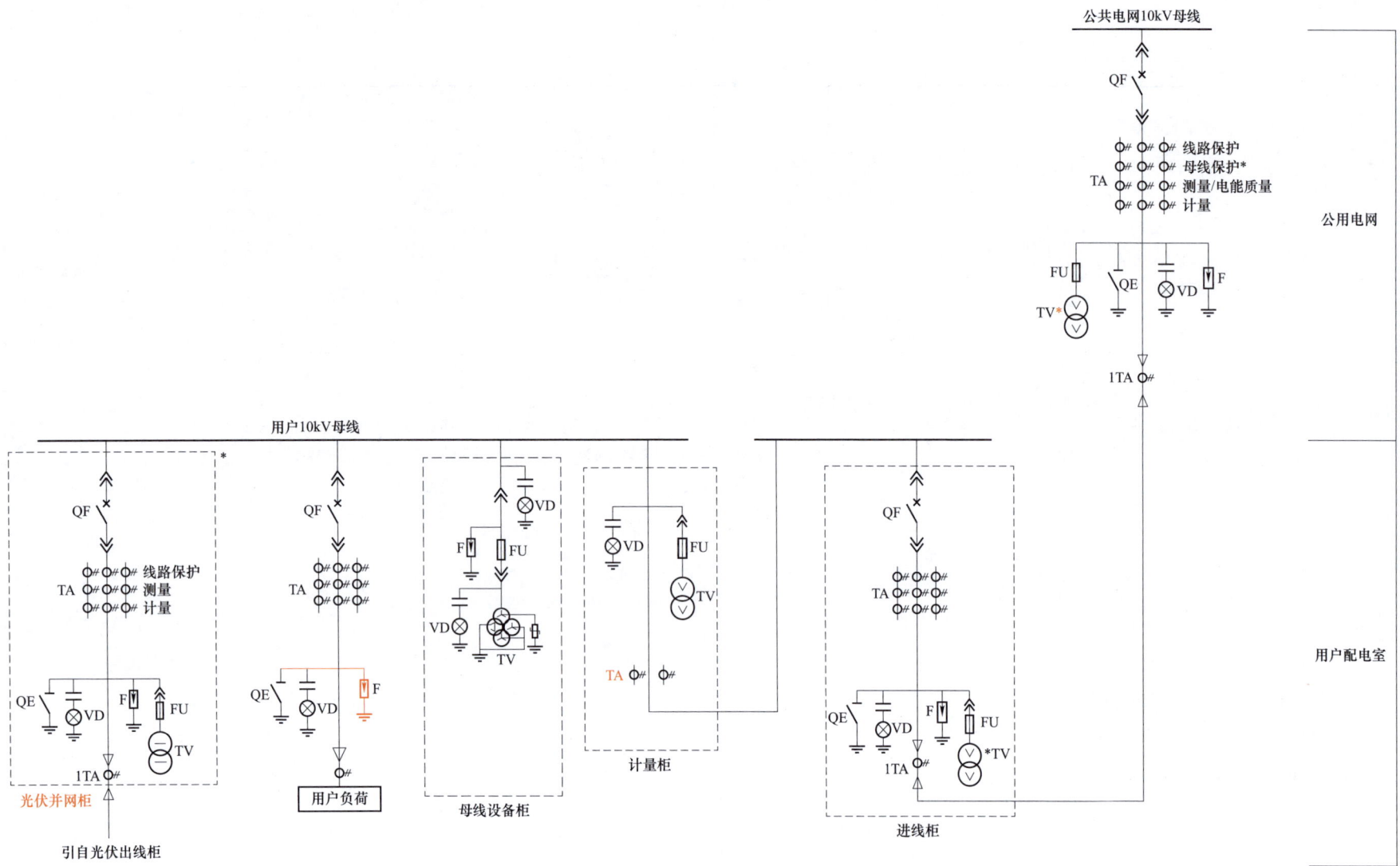

图 4.4-3　电气主接线图（二）（Z-1-03）

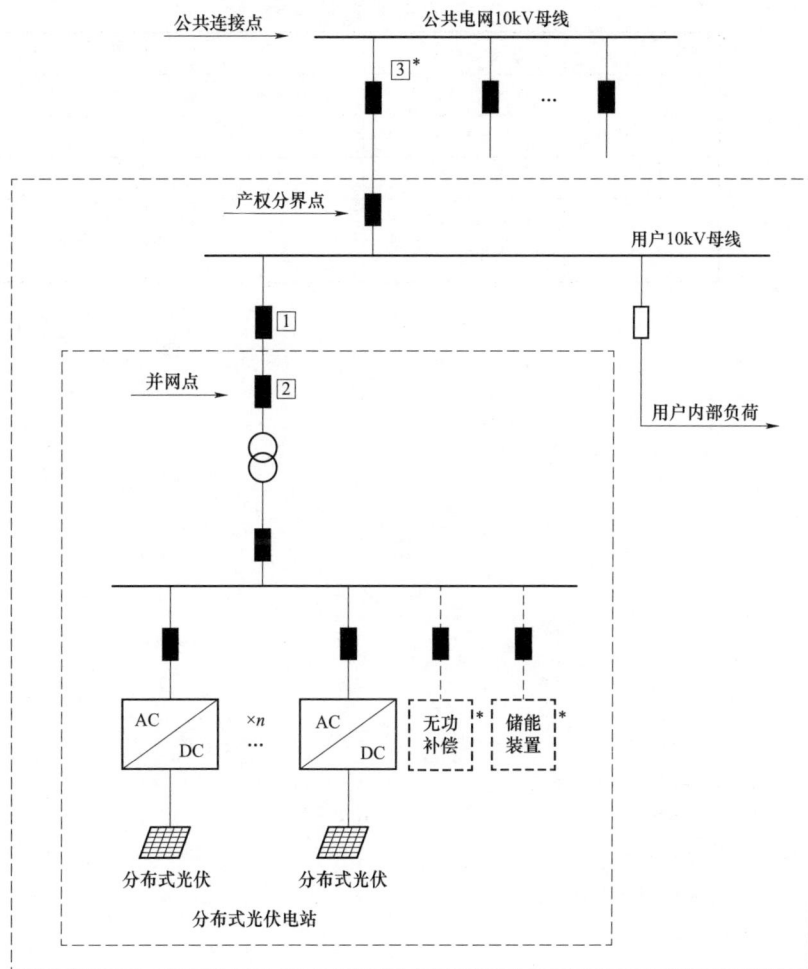

主 要 设 备 材 料 表

序号	厂站	设备名称	规格型号	单位	数量	备注
1	光伏电站	安全自动装置		套	1	
2	变电站	过电流（或距离保护）		套	1	
3		母线保护*		套	1	

图例

1 10kV线路过电流(或距离)保护

2 安全自动装置

3 10kV母线保护

注：标*设备根据工程实际需求进行配置。

图 4.4-4 系统继电保护及安全自动化装置配置（方案一）（Z-1-04）

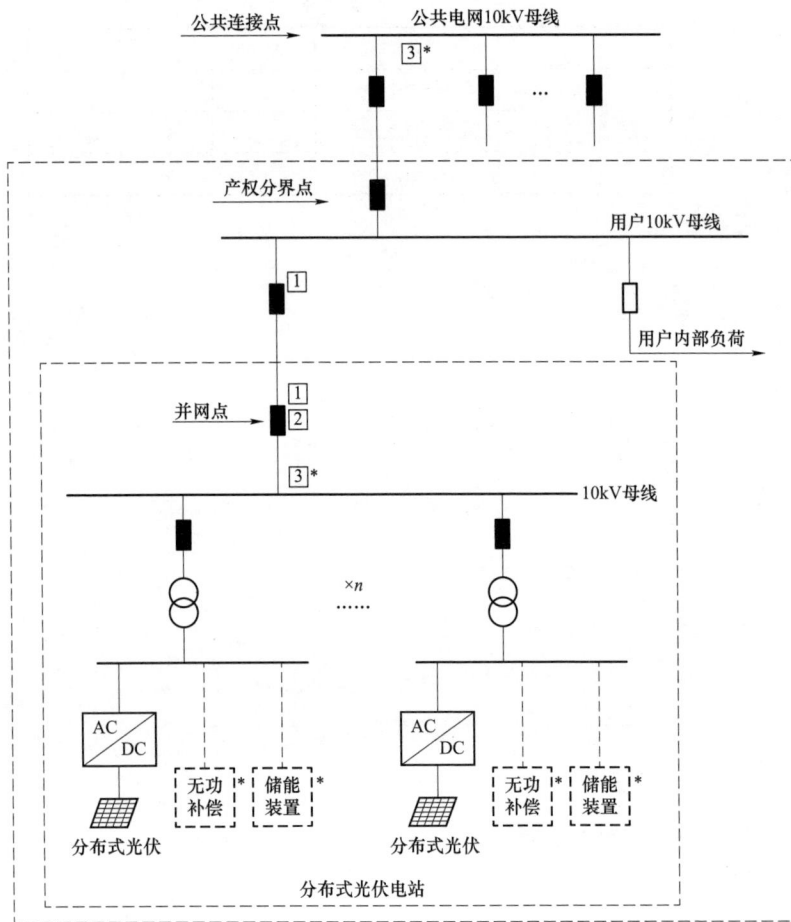

主 要 设 备 材 料 表

序号	厂站	设备名称	规格型号	单位	数量	备注
1	光伏电站	光纤电流差动保护		套	1	
2		安全自动装置		套	1	
3		母线保护*		套	1	
4	变电站	光纤电流差动保护		套	1	
5		母线保护*		套	1	

图例

① 10kV线路过电流(或距离)保护
② 安全自动装置
③ 10kV母线保护

注：标*设备根据工程实际需求进行配置。

图 4.4-5 系统继电保护及安全自动化装置配置（方案二）（Z-1-05）

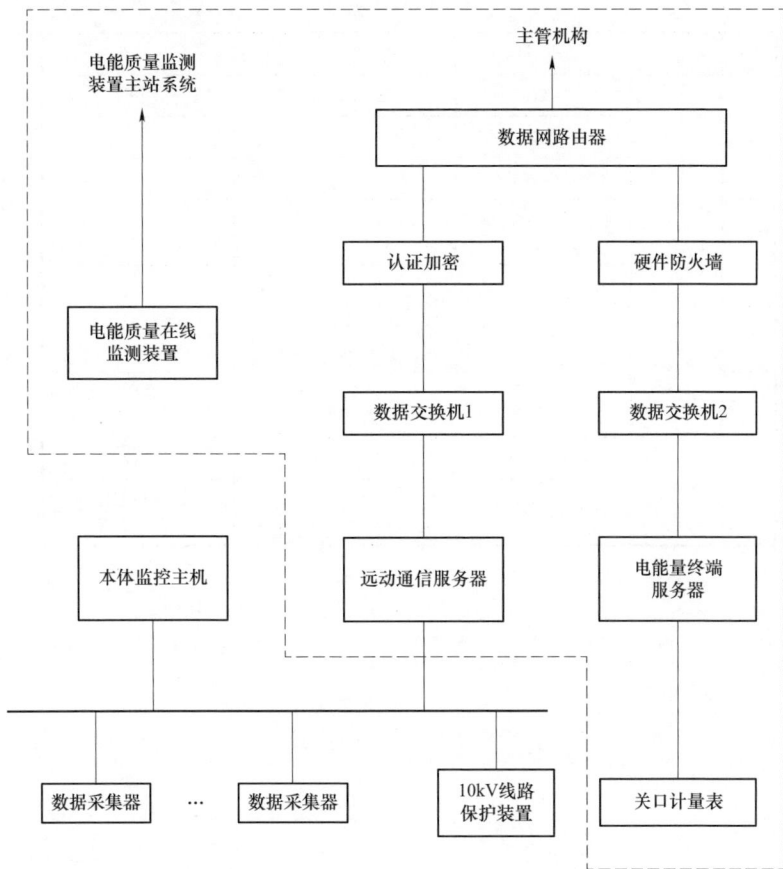

主 要 设 备 材 料 表

序号	厂站	设备名称	规格型号	单位	数量	备注
1	光伏电站	远动通信服务器		套	1	与本体计算机监控系统合一建设
2		并网电能表		只	1	
3		电能量终端服务器		套	1	
4		电能质量在线监测装置		套	1	
5		MIS网三层交换机		台	1	
6		电力调度数据网接入设备柜	含1台路由器, 2台交换机	面	1	
7		二次安全防护设备	含纵向加密装置1套, 硬件防火墙1套	套	1	与调度数据网络设备共同组柜
8	用户站	关口电能表	含主、副表各一块	只	2	
9		10kV线路测控装置		套	1	保护测控合一装置

注：1. 虚线框内为光伏电站系统远动设备。

2. 本图适用于光伏电站本体远动系统与监控系统合一建设。

图 4.4-6 光伏电站调度自动化系统配置（一）（Z-1-06）

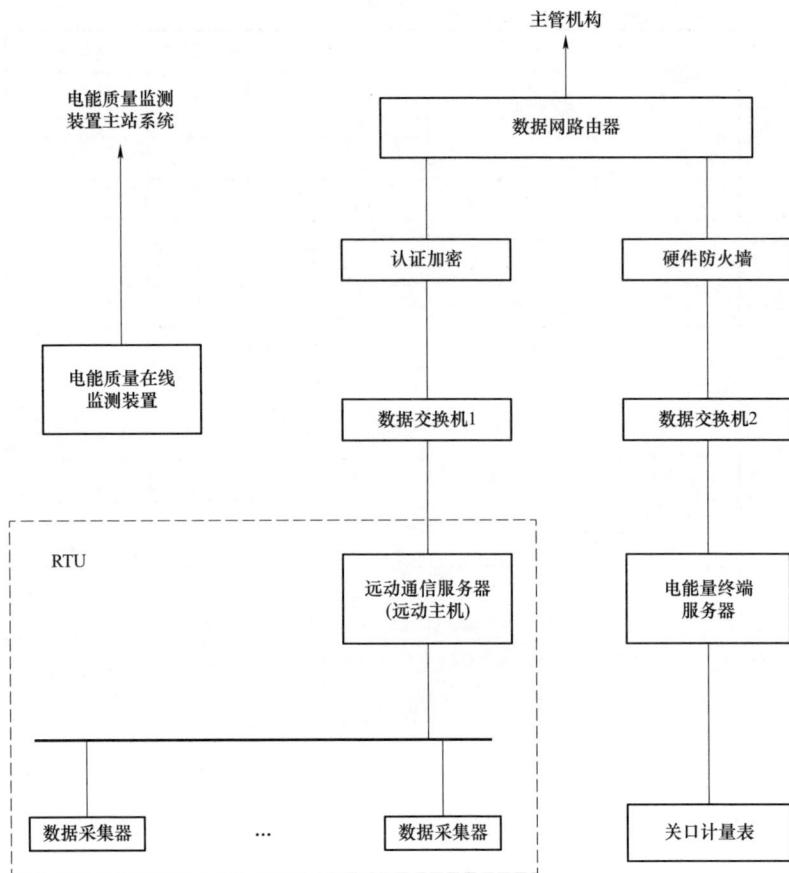

主 要 设 备 材 料 表

序号	厂站	设备名称	规格型号	单位	数量	备注
1	光伏电站	RTU		套	1	
2		并网电能表柜		只	1	
3		电能量终端服务器		套		
4		电能质量在线监测装置		套	1	
5		MIS 网三层交换机		台	1	
6		电力调度数据网接入设备柜	含 1 台路由器, 2 台交换机	面	1	
7		二次安全防护设备	含纵向加密装置 1 套, 硬件防火墙 1 套	套	1	与调度数据网络设备共同组柜
8	用户站	关口电能表	含主、副表各一块	只	2	
9		10kV 线路测控装置		套	1	保护测控合一装置

注：本图适用于光伏电站单独配置 RTU。

图 4.4-7　光伏电站调度自动化系统配置（二）（Z-1-07）

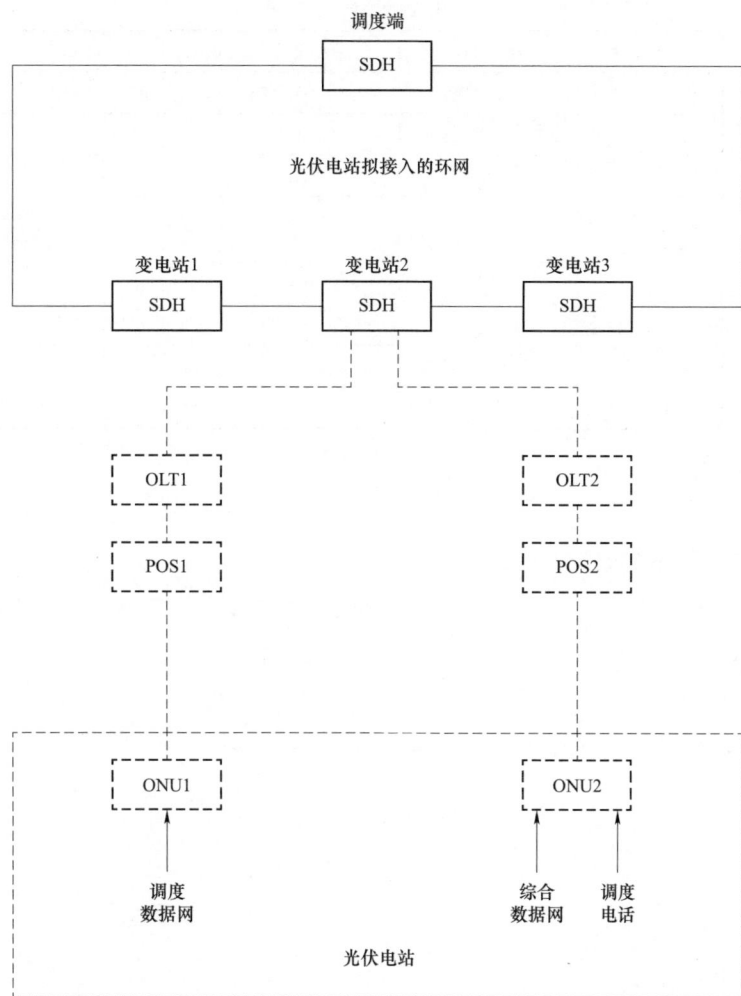

主要设备材料表

序号	厂站	设备名称	规格型号	单位	数量	备注
1		导引光缆	12芯，GYFTZY	km	按需	
2	光伏电站	ONU		台	2	
3		光纤配线架	24芯	台	1	
4	用户站	光纤配线架	24芯	台	1	在用户侧跳纤时配置
5		光缆	12/24芯	km	按需	
6		OLT		台	2	需要时
7	系统接入变电站	导引光缆	12芯，GYFTZY	km	按需	
8		光纤配线架	24	套	1	
9		FE接口板		块	2	

注：虚线表示新增设备或连接。

图 4.4-8 光伏电站接入系统通信图（EPON）（Z-1-08）

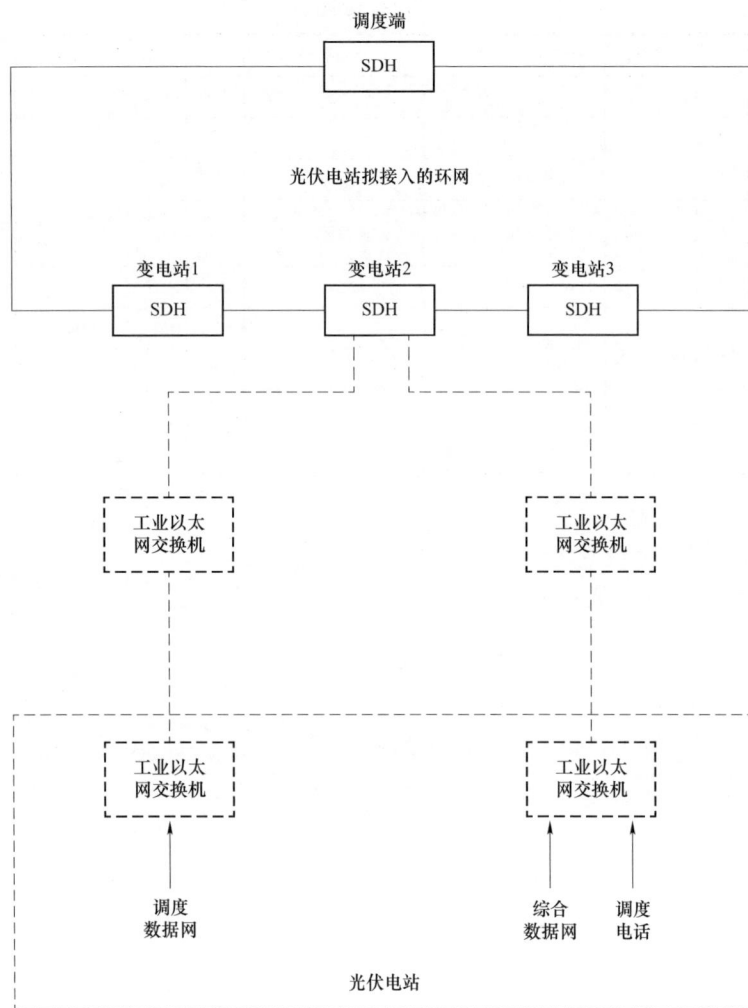

主 要 设 备 材 料 表

序号	厂站	设备名称	规格型号	单位	数量	备注
1	光伏电站	导引光缆	12 芯，GYFTZY	km	按需	
2		工业以太网交换机		台	2	
3		综合配线架	光、音、网	台	1	
4	用户站	光纤配线架	24 芯	台	1	在用户侧跳纤时配置
5	系统接入变电站	光缆	12/24 芯	km	按需	
6		导引光缆	12 芯，GYFTZY	km	按需	
7		光纤配线架	24 芯	套	1	
8		工业以太网交换机		台	2	

注：虚线表示新增设备或连接。

图 4.4－9   光伏电站接入系统通信图（工业以太网）（Z－1－09）

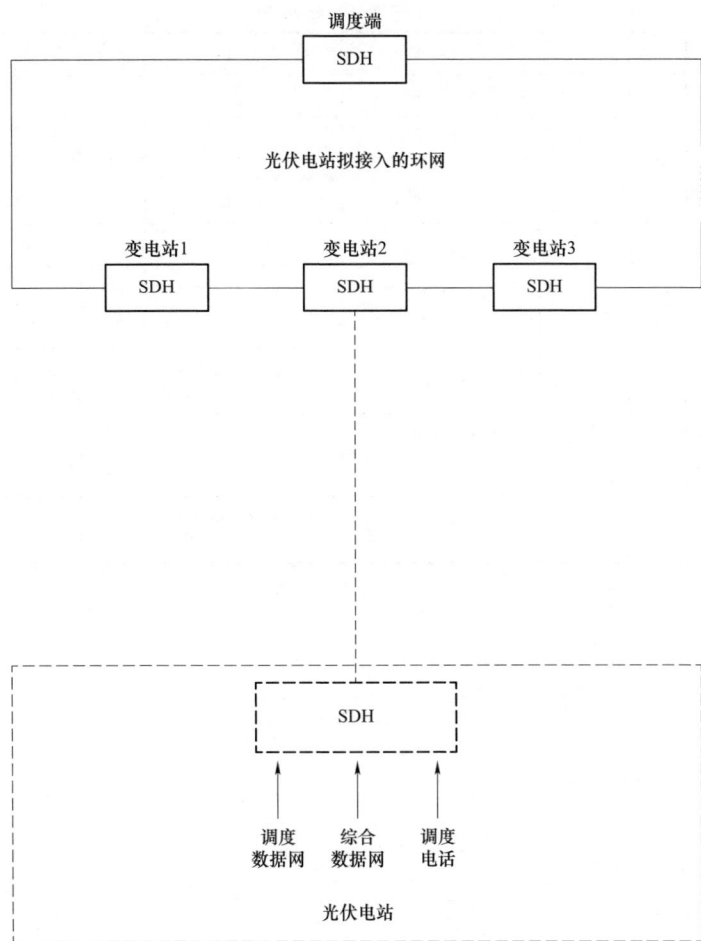

主 要 设 备 材 料 表

序号	厂站	设备名称	规格型号	单位	数量	备注
1	光伏电站	导引光缆	12芯，GYFTZY	km	按需	
2		光端机	SDH 155M	台	1	
3		IAD 设备		台	1	
4		DC/DC 或 AC/DC 变换模块	-48V	组	2	
5		综合配线架	光、数、音	台	1	
6	用户站	光纤配线架	24	台	1	在用户侧跳纤时配置
7	系统接入变电站	光缆	12/24 芯	km	按需	
8		导引光缆	12芯，GYFTZY	km	按需	
9		光纤配线架	24	套	1	
10		光接口	155M	台	2	
11	调度端	IAD 设备		台	1	

注：虚线表示新增设备或连接。

图 4.4-10　光伏电站接入系统通信图（SDH）（Z-1-10）

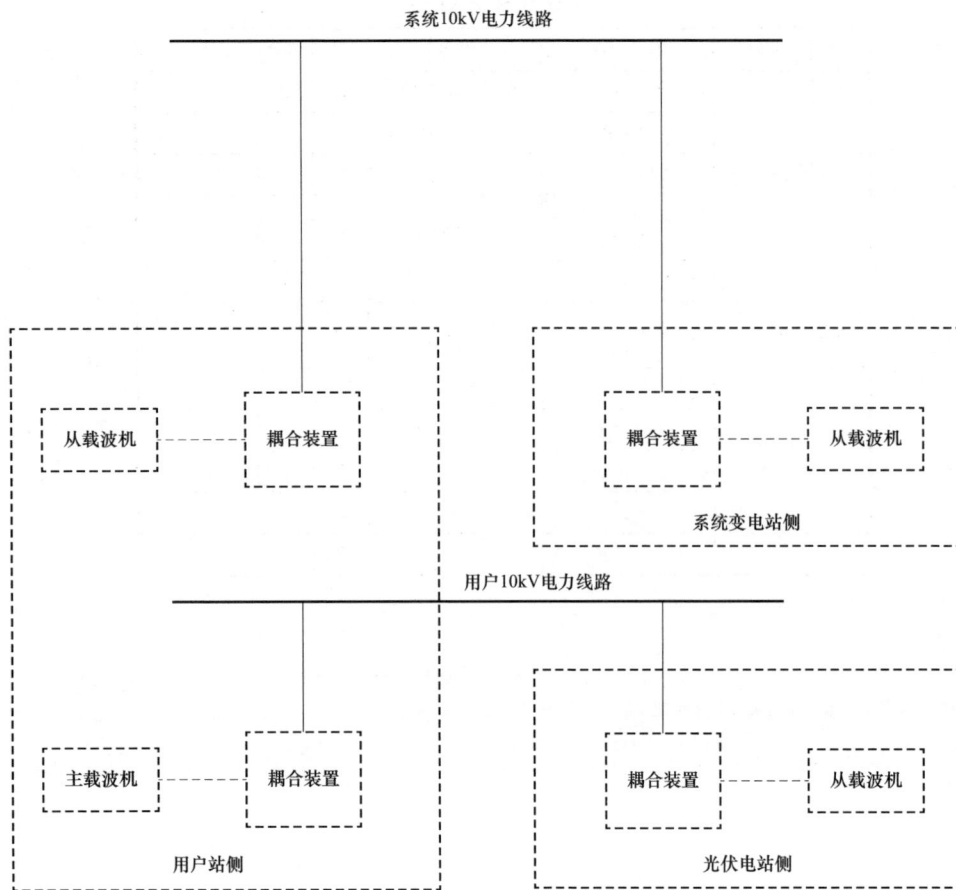

系统10kV电力线路

| 从载波机 | -------- | 耦合装置 |

| 耦合装置 | -------- | 从载波机 |

系统变电站侧

用户10kV电力线路

| 主载波机 | -------- | 耦合装置 |

用户站侧

| 耦合装置 | -------- | 从载波机 |

光伏电站侧

主 要 设 备 材 料 表

序号	厂站	设备名称	规格型号	单位	数量	备注
1	光伏电站	从载波机		台	1	
2		高频电缆		km	按需	
3		耦合装置	线路阻波器、耦合电容器、结合录波器	台	1	
4	用户站	从载波机		台		
5		高频电缆		km		
6		耦合装置		台		
7		主载波机	线路阻波器、耦合电容器、结合录波器	套	按需	
8	系统接入变电站	主载波机		台	1	
9		高频电缆		km	按需	
10		耦合装置	线路阻波器、耦合电容器、结合录波器	台	1	

注：虚线表示新增设备或连接。

图 4.4-11　光伏电站接入系统通信图（中压电力线载波）（Z-1-11）

20MW 及以下分布式光伏集群项目接网工程典型设计

4.5 接入公共电网变电站 10kV 母线典型设计（GF10-T-2）

4.5.1 方案概述

该方案为光伏接入系统典型设计方案，方案号为 GF10-T-2。

a）适用范围。适用于 10kV 全额上网的分布式光伏项目。

b）参考容量。装机容量 6~20MW，经多个并网点并网。

c）方案描述。

对于大规模开发的分布式光伏项目，可采用先升压后多点汇集方式，经多回线路接入公共电网变电站 10kV 母线，根据变电站间隔资源情况灵活选择接入间隔或 T 接线路。系统接线配置图同方案 GF10-T-1 系统接线配置图。

4.5.2 接入系统一次

光伏电站接入系统方案需结合电网规划、分布式电源规划，按照就近分散接入，就地平衡消纳的原则进行设计。

4.5.2.1 送出方案

本方案通过多回线路接入公共电网变电站 10kV 母线，主要适用于全额上网（接入公共电网）的光伏电站，公共连接点为公共电网变电站 10kV 母线，装机容量 6~20MW，经多个并网点并网。对于大规模开发的分布式光伏项目，可采用先升压后多点汇集方式，经多回线路接入公共电网变电站 10kV 母线，根据变电站间隔资源情况灵活选择接入间隔或 T 接线路。系统接线配置图同方案 GF10-T-1 系统接线配置图。一次系统接线示意图见图 4.5-1。

4.5.2.2 电气计算

（1）潮流分析。本方案设计中应对设计水平年有代表性的正常最大、最小负荷运行方式，检修运行方式，以及事故运行方式进行分析，必要时进行潮流计算。

（2）短路电流计算。计算设计水平年系统最大运行方式下，电网公共连接点和光伏电站并网点在光伏电站接入前后的短路电流，为电网相关厂站及光伏电站的开关设备选择提供依据。如短路电流超标，应提出相应控制措施。当无法确定光伏逆变器具体短路特征参数情况下，考虑一定裕度，光伏发电提供的短路电流按照 1.5 倍额定电流计算。

（3）电能质量分析。

1）光伏发电系统向当地交流负荷提供电能和向电网送出电能的质量，在谐波、电压偏差、电压不平衡、电压波动等方面，满足现行国家标准 GB/T 14549

《电能质量　公共电网谐波》、GB/T 12325《电能质量　供电电压偏差》、GB/T 15543《电能质量　三相电压不平衡》、GB/T 12326《电能质量　电压波动和闪变》的有关规定；

2）光伏发电系统向公共连接点注入的直流电流分量不应超过其交流额定值的 0.5%。

（4）无功平衡计算。

1）本方案光伏发电系统的无功功率和电压调节能力应满足相关标准的要求，选择合理的无功补偿措施；

2）光伏发电系统无功补偿容量的计算，应充分考虑逆变器功率因数、汇集线路、变压器和送出线路的无功损失等因素；

3）通过 10kV 电压等级并网的光伏发电系统功率因数应在 0.98 以上；

4）光伏电站配置的无功补偿装置类型、容量及安装位置应结合光伏发电系统实际接入情况确定，必要时安装动态无功补偿装置。

4.5.3 主要设备选择原则

（1）主接线。10kV 采用线变组或单母线接线。

（2）升压站主变压器。光伏电站内升压变压器容量一般按照光伏装置容量的 1~1.1 倍选取，电压等级为 10/0.4kV。当分布式光伏接入不能满足调压或电压质量要求时，可采用有载调压变压器。若变压器同时为负荷供电，可根据实际情况选择容量。

（3）送出线路导线截面。光伏电站送出线路导线截面选择应遵循以下原则：

1）光伏电站送出线路导线截面选择需根据所需送出的容量、并网电压等级选取，并考虑分布式电源发电效率等因素；

2）光伏电站送出线路导线截面一般按持续极限输送容量选择。

（4）开断设备。光伏电站并网点应安装易操作、可闭锁、具有明显开断点、带接地功能、可开断故障电流的开断设备。

当光伏电站并网公共连接点配置负荷开关时，宜改造为断路器。

根据短路电流水平选择设备开断能力，并需留有一定裕度，一般不小于 20kA。

4.5.4 电气主接线

电气主接线方案见图 4.5-2。

4.5.5 系统对光伏电站的技术要求

4.5.5.1 电能质量

由于光伏发电系统出力具有波动性和间歇性，另外光伏发电系统通过逆变器将太阳能电池方阵输出的直流转换交流供负荷使用，含有大量的电力电子设备，接入配电网会对当地电网的电能质量产生一定的影响，包括谐波、电压偏差、电压波动、电压不平衡度和直流分量等方面。为了能够向负荷提供可靠的电力，由光伏发电系统引起的各项电能质量指标应该符合相关标准的规定。

（1）谐波。光伏电站接入电网后，公共连接点的谐波电压应满足 GB/T 14549《电能质量　公共电网谐波》的规定。

光伏电站接入电网后，公共连接点处的总谐波电流分量（方均根）应满足 GB/T 14549《电能质量　公共电网谐波》的规定，详见附录 A。

其中光伏电站向电网注入的谐波电流允许值按此光伏电站安装容量与其公共连接点的供电设备容量之比进行分配。

（2）电压偏差。光伏电站接入电网后，公共连接点的电压偏差应满足 GB/T 12325《电能质量　供电电压偏差》的规定，10kV 三相供电电压偏差为标称电压的±7%。

（3）电压波动。光伏电站接入电网后，公共连接点的电压波动应满足 GB/T 12326《电能质量　电压波动和闪变》的规定。对于光伏电站出力变化引起的电压变动，其频度可以按照 $1 < r \leqslant 10$（每小时变动的次数在 10 次以内）考虑，因此光伏电站接入引起的公共连接点电压变动最大不得超过 3%。

（4）电压不平衡度。光伏电站接入电网后，公共连接点的三相电压不平衡度应不超过 GB/T 15543《电能质量　三相电压不平衡》规定的限值，公共连接点的负序电压不平衡度应不超过 2%，短时不得超过 4%；其中由光伏电站引起的负序电压不平衡度应不超过 1.3%，短时不超过 2.6%。

（5）直流分量。光伏电站向公共连接点注入的直流电流分量不应超过其交流额定值的 0.5%。

4.5.5.2　电压异常时的响应特性

本方案光伏电站应按照附录 B 要求的时间停止向电网线路送电，此要求适用于三相系统中的任何一相。

4.5.5.3　频率异常时的响应特性

本方案应具备一定的耐受系统频率异常的能力，应能够在附录 C 所示电网频率偏离下运行。

4.5.6　接入系统二次

接入系统二次部分根据系统一次接入方案，结合有关现状进行设计，包括系统继电保护及安全自动装置、系统调度自动化、系统通信。

4.5.6.1　系统继电保护及安全自动装置

配置及选型如下：

（1）10kV 线路保护。

1）配置原则。光伏电站线路发生短路故障时，线路保护能快速动作，瞬时跳开断路器，满足全线故障时快速可靠切除故障的要求。

10kV 线路可在系统侧配置 1 套线路过电流保护或距离保护，光伏电站侧可不配线路保护，靠系统侧切除线路故障。

当上述两种保护无法整定或配合困难以及对供电可靠性要求较高时，宜配置纵联电流差动保护。

2）技术要求。

a. 线路保护应适用于系统一次特性和电气主接线的要求。

b. 线路两侧纵联保护配置与选型应相互对应，保护的软件版本应完全一致。

c. 被保护线路在空载、轻载、满载等各种工况下，发生金属性和非金属性的各种故障时，线路保护应能正确动作。系统无故障、外部故障、故障转换以及系统操作等情况下保护不应误动。

d. 在本线发生振荡时保护不应误动，振荡过程中再故障时，应保证可靠切除故障。

e. 主保护整组动作时间不大于 20ms（不包括通道传输时间），返回时间不大于 30ms（从故障切除到保护出口接点返回）。

f. 手动合闸或重合于故障线路上时，保护应能可靠瞬时三相跳闸。手动合闸或重合于无故障线路时应可靠不动作。

g. 保护装置应具有良好的滤波功能，具有抗干扰和抗谐波的能力。在系统投切变压器、静止补偿装置、电容器等设备时，保护不应误动作。

（2）母线保护。

1）配置原则。若光伏电站侧为线变组接线，经升压变压器后直接输出，不配置母线保护。

对于设置 10kV 母线的光伏电站，10kV 母线保护配置应与 10kV 线路保护统筹考虑。当系统侧配置线路过电流或距离保护时，光伏电站侧可不配置母线保护，仅由变电站侧线路保护切除故障；当线路两侧配置线路纵联电流差动保护时，光伏电站侧宜相应配置保护装置，快速切除母线故障；如后备保护不能满足要求，也可配置专用母线保护，快速切除母线故障。

2）技术要求。

a. 母线保护接线应能满足终期规模电气一次接线的要求。

b. 母线保护不应受电流互感器暂态饱和的影响而发生不正确动作，并应允许使用不同变比的电流互感器。

c. 母线保护不应因母线故障时流出母线的短路电流影响而拒动。

（3）安全自动装置。在并网点设置安全自动装置等设备，具备防孤岛保护功能及频率电压异常紧急控制功能。

光伏电站逆变器必须具备快速监测孤岛且监测到孤岛后立即断开与电网连接的能力，其防孤岛方案应与继电保护配置、安全自动装置配置和低电压穿越等相配合，时间上互相匹配。

（4）系统侧变电站。

1）线路保护。需要校验系统侧变电站的相关的线路保护是否满足光伏电站接入要求。若能满足接入的要求，予以说明即可。若不能满足光伏电站接入方案的要求，则系统侧变电站需要做相关的线路保护配置方案。

2）母线保护。需要校验系统侧变电站的母线保护是否满足接入方案的要求。若能满足接入的要求，予以说明即可。若不能满足光伏电站接入方案的要求，则系统侧变电站需要配置母线保护。

3）其他要求。需核实变电站侧备自投方案、相关线路的重合闸方案，要求根据防孤岛检测方案，提出调整方案。

光伏电站线路接入变电站后，备自投动作时间须躲过光伏电站防孤岛检测动作时间。

10kV 公共电网线路投入自动重合闸时，应校核重合闸时间。

（5）对其他专业的要求。

1）对电气一次专业。系统继电保护应使用专用的电流互感器和电压互感器的二次绕组，电流互感器准确级宜采用 5P、10P 级，电压互感器准确级宜采用 0.5、3P 级。

2）对通信专业的要求。系统继电保护及安全自动装置要求提供足够的可靠的信号传输通道。

3）光伏电站内需具备直流电源和 UPS 电源，供新配置的保护装置、测控装置、电能质量检测装置等设备使用。

4.5.6.2 系统调度自动化

（1）调度关系及调度管理。调度管理关系根据相关电力系统调度管理规定、调度管理范围划分原则确定。远动信息的传输原则根据调度运行管理关系确定。

本方案光伏电站所发电量全部上网由电网收购，发电系统性质为公共光伏系统。

（2）配置及要求。

1）光伏电站远动系统。光伏电站本体远动系统功能宜由本体监控系统集成，本体监控系统具备信息远传功能；本体不具备条件时，应独立配置远方终端，采集相关信息。

方案一：光伏电站本体配置监控系统，具备远动功能，有关光伏电站本体的信息的采集、处理采用监控系统来完成，该监控系统配置单套用于信息远传的远动通信服务器。

光伏电站监控系统实时采集并网运行信息，主要包括并网点开关状态、并网点电压和电流、光伏发电系统有功功率和无功功率、光伏发电量等，并上传至相关电网调度部门；配置远程遥控装置的分布式光伏，应能接收、执行调度端远方控制解并列、启停和发电功率的指令。

方案二：单独配置技术先进、易于灵活配置的 RTU（单套远动主机配置），需具备遥测、遥信、遥控、遥调及网络通信等功能，实时采集并网运行信息，主要包括并网点开关状态、并网点电压和电流、光伏发电系统有功功率和无功功率、光伏发电量等，并上传至相关电网调度部门；配置远程遥控装置的分布式光伏，应能接收、执行调度端远方控制解并列、启停和发电功率的指令。

2）有功功率控制及无功电压控制。光伏电站远动通信服务器需具备与控制系统的接口，接受调度部门的指令，具体调节方案由调度部门根据运行方式确定。

光伏电站有功功率控制系统应能够接收并执行电网调度部门发送的有功功率及有功功率变化的控制指令，确保光伏电站有功功率及有功功率变化按照电力调度部门的要求运行。

光伏电站无功电压控制系统应能根据电力调度部门指令，调节其发出（或吸收）的无功功率，控制并网点电压在正常运行范围内，其调节速度和控制精度应能满足电力系统电压调节的要求。

3）电能量计量。本方案电能量计量表可合一设置，上下网关口计量电能表同时也可用作并网电能表。

a. 安装位置与要求。本方案在产权分界点设置关口计量电能表（最终按用户与业主计量协议为准），安装同型号、同规格、准确度相同的主、副电能表各一套。主、副表应有明确标志。

b. 技术要求。电能计量装置的配置和技术要求应符合 DL/T 448 和 DL/T 614 的要求。电能表采用静止式多功能电能表，至少应具备双向有功和四象限无功计量功能、事件记录功能，配有标准通信接口，具备本地通信和通过电能信息采集终端远程通信的功能，电能表通信协议符合 DL/T 645。

10kV 关口计量电能表准确度等级应为有功 0.2S 级，无功 2.0 级，并且要求有关电流互感器、电压互感器的准确度等级需分别达到 0.2S、0.2 级。

c. 计量信息统计与传输。配置计量终端服务器 1 台，计费表采集信息通过计量终端服务器接入计费主站系统（电费计量信息），电价补偿计量信息也可由计费主站系统统一收集后，转发光伏发电管理部门。

4）电能质量监测装置。需要在并网点装设满足 GB/T 19862《电能质量监测设备通用要求》标准要求的 A 类电能质量在线监测装置一套。监测电能质量参数，包括电压、频率、谐波、功率因数等。

电能质量在线监测数据需上传至相关主管机构。

5）系统变电站。本方案光伏电站接入系统变电站变后，变电站调度管理关系不变。需相应配置测控装置，采集光伏电站线路的相关信息，并接入本变电站现有监控系统。

6）远动信息内容。远动信息内容见 3.4.3.2。

7）远动信息传输。光伏电站的远动信息传送到调度主管机构，应采用专网方式，宜单路配置专网远动通道，优先采用电力调度数据网络。一般可采取基于 DL/T 634.5101 和 DL/T 634.5104 通信协议。

当采用电力调度数据网络时，需在光伏电站配置调度数据专网接入设备 1 套，组柜安装于光伏电站二次设备室。

8）二次安全防护。为保证光伏电站内计算机监控系统的安全稳定可靠运行，防止站内计算机监控系统因网络黑客攻击而引起电网故障，二次安全防护实施方案配置如下：

a. 按照"安全分区、网络专用、横向隔离、纵向认证"的基本原则，配置站内二次系统安全防护设备。

b. 纵向安全防护：控制区的各应用系统接入电力调度数据网前应加装 IP 认证加密装置，非控制区的各应用系统接入电力调度数据网前应加装防火墙。

c. 横向安全防护：控制区和非控制区的各应用系统之间宜采用 MPLS VPN 技术体制，划分为控制区 VPN 和非控制区 VPN。

若采用电力数据网接入方式，需相应配置 1 套纵向 IP 认证加密装置和 1 套硬件防火墙。

若采用无线专网方式，需配置加密装置。

若站内监控系统与其他系统存在信息交换，应按照上述二次安全防护要求采取安全防护措施。

4.5.6.3 系统通信

（1）系统概述。着重介绍光伏电站一次接入系统方案中的接入线路起讫点、新建线路与相关原有线路的关系、相关线路长度等与通信方案密切相关的情况。

（2）信息需求。明确调度关系，根据调度组织关系、运行管理模式和电力系统接线，提出线路保护、安全自动装置、调度自动化等相关信息系统对通道的要求，以及光伏电站至调度、集控中心、运行维护等单位的各类信息通道要求。

（3）通信现状。简述与光伏电站相关的电力系统通信现状，包括传输型式、电路制式、电路容量、组网路由、设备配置、相关光缆情况等。

（4）通信方案。根据国家电网公司技术规定，为满足光伏电站的信息传输需求，结合接入条件，因地制宜地确定光伏电站的通信方案。

1）光纤通信。结合各地电网整体通信网络现状及规划，可选用 EPON 技术、工业以太网技术、SDH/MSTP 技术等多种光纤通信方式。

a. 光缆建设方案。根据光伏电站新建 10kV 送出线路的不同型式，光缆可以采用 ADSS 光缆、普通光缆，光缆芯数 12 芯或 24 芯，光缆纤芯均采用 ITU-T G.652 光纤。进入光伏电站的引入光缆，宜选择非金属阻燃光缆。

b. 通信电路建设方案。光缆通信系统建议采用 EPON 传输系统，工业以太网传输系统，SDH 传输系统三个方案。

a）EPON 方案。为满足电力系统安全分区的要求，在光伏电站配 2 台 ONU 设备，利用上述光缆，形成光伏电站至系统侧的通信电路，将光伏电站的通信、自动化等信息接入系统。其中 1 台 ONU 设备传输调度数据网至接入变电站 OLT1（配网控制）；另外 1 台用于传输综合数据网及调度电话业务至接入变电站 OLT2（配网管理）。方案如图 4.5-8 所示。

b）工业以太网方案。为满足电力系统安全分区的要求，在光伏电站配置 2 台工业以太网交换机，在光伏电站接入的变电站配置 2 台工业以太网交换机，利用上述光缆，形成光伏电站至接入变电站的通信电路，将光伏电站的通信、自动化等信息接入系统。其中 1 台工业以太网交换机传输调度数据网（配网控制）；另外 1 台用于传输综合数据网及调度电话业务（配网管理）。方案如图 4.5－9 所示。

c）SDH 方案。在光伏电站配置 1 台 SDH 155M 光端机，并在接入变电站现有设备上增加 2 个 155M 光口，利用上述光缆，建设光伏电站至接入变电站的 1＋1 通信电路，将光伏电站的通信、自动化等信息接入系统，形成光伏电站至系统的通信通道。方案如图 4.5－10 所示。

2）中压电力线载波。在光伏电站拟接入变电站侧配置主载波机，光伏电站侧配置从载波机，主载波机依据线路结构对下进行载波组网，并通过载波通信方式将终端数据汇聚至主载波机，将数据信息上传。载波组网通信采用一主多从的方式组网，即一个载波主机和多个载波从机组成一个载波通信网络，载波主机和载波从机之间采用问答方式进行数据传输，载波从机之间不进行数据传输。方案如图 4.5－11 所示。

3）无线方式。光伏电站接入可采用无线公网通信方式，但应采取信息安全防护措施。当有控制要求时，不应采用无线公网通信方式。

无线公网的通信方式应满足 Q/GDW 625《配电自动化建设与改造标准化设计技术规定》和 Q/GDW 380.2《电力用户用电信息采集系统管理规范　第二部分　通信信道建设管理规范》的相关规定，采取可靠的安全隔离和认证措施，支持用户优先级管理。

（5）业务组织。根据光伏电站信息传输需求和通信方案，对光伏电站各业务信息通道组织。

（6）通信设备供电。对于使用 EPON 和工业以太网接入方案的光伏电站，建议采用站内 UPS 交流系统为设备供电；对于使用 SDH 接入方案的光伏电站，建议采用站用直流或交流系统通过 DC/DC 或 AC/DC 变换为－48V 为设备供电。

4.5.7　GF10－T－2 方案设计图清单（见表 4.5－1）

表 4.5－1　　　　　　　　GF10－T－2 方案设计图清单

图序	图名	图纸编号
图 4.5－1	一次系统接线示意图	T－2－01
图 4.5－2	电气主接线图	T－2－02
图 4.5－3	系统继电保护及安全自动化装置配置（方案一/1）	T－2－03
图 4.5－4	系统继电保护及安全自动化装置配置（方案一/2）	T－2－04
图 4.5－5	系统继电保护及安全自动化装置配置（方案二）	T－2－05
图 4.5－6	光伏电站调度自动化系统配置（一）	T－2－06
图 4.5－7	光伏电站调度自动化系统配置（二）	T－2－07
图 4.5－8	光伏电站接入系统通信图（EPON）	T－2－08
图 4.5－9	光伏电站接入系统通信图（工业以太网）	T－2－09
图 4.5－10	光伏电站接入系统通信图（SDH）	T－2－10
图 4.5－11	光伏电站接入系统通信图（中压电力线载波）	T－2－11

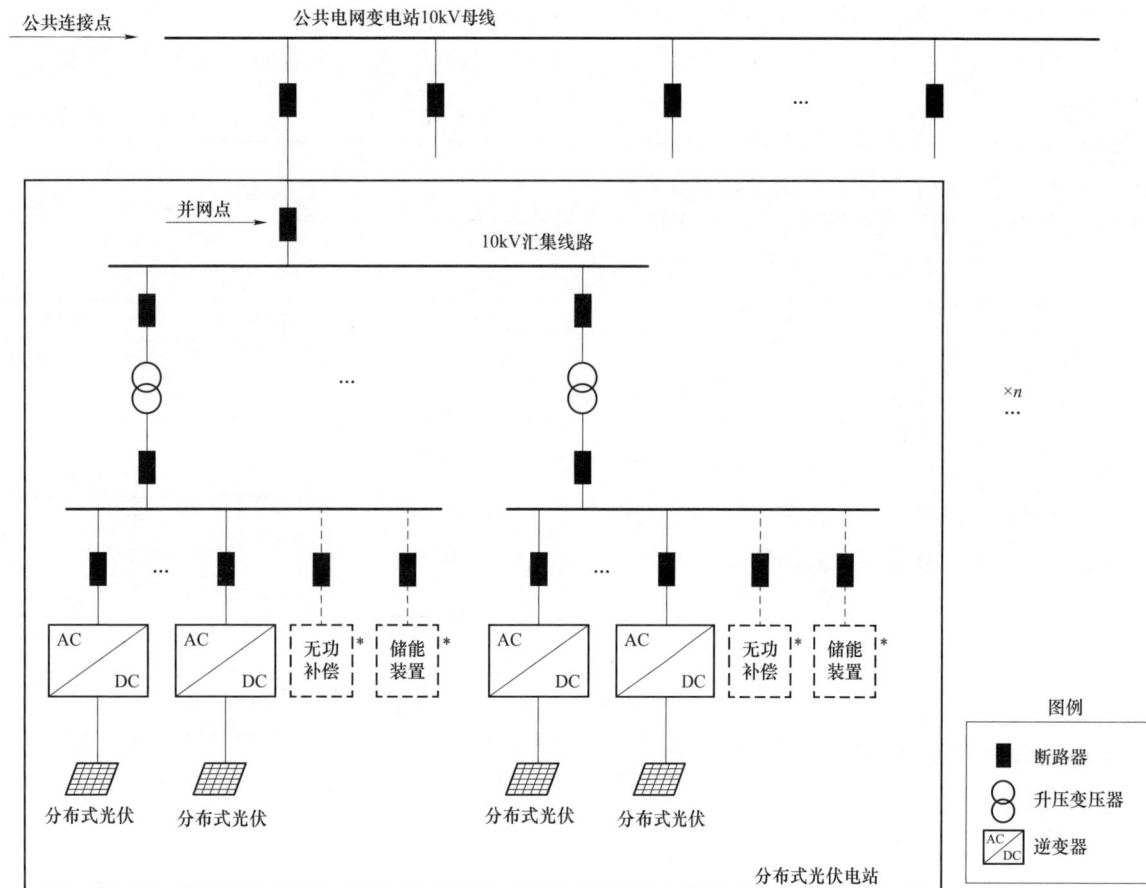

公共连接点 →　　　　　　　　　公共电网变电站10kV母线

并网点 →　　　　　　　　10kV汇集线路

×n
...

| | | | | | | | | |
AC/DC　AC/DC　无功补偿*　储能装置*　AC/DC　AC/DC　无功补偿*　储能装置*

分布式光伏　分布式光伏　　　　　　分布式光伏　分布式光伏

分布式光伏电站

图例

■　断路器

⊖　升压变压器

AC/DC　逆变器

注: 1. 标*设备根据工程实际需求进行配置。

　　2. 无功和储能的配置点根据实际情况确定。

图 4.5-1　一次系统接线示意图（T-2-01）

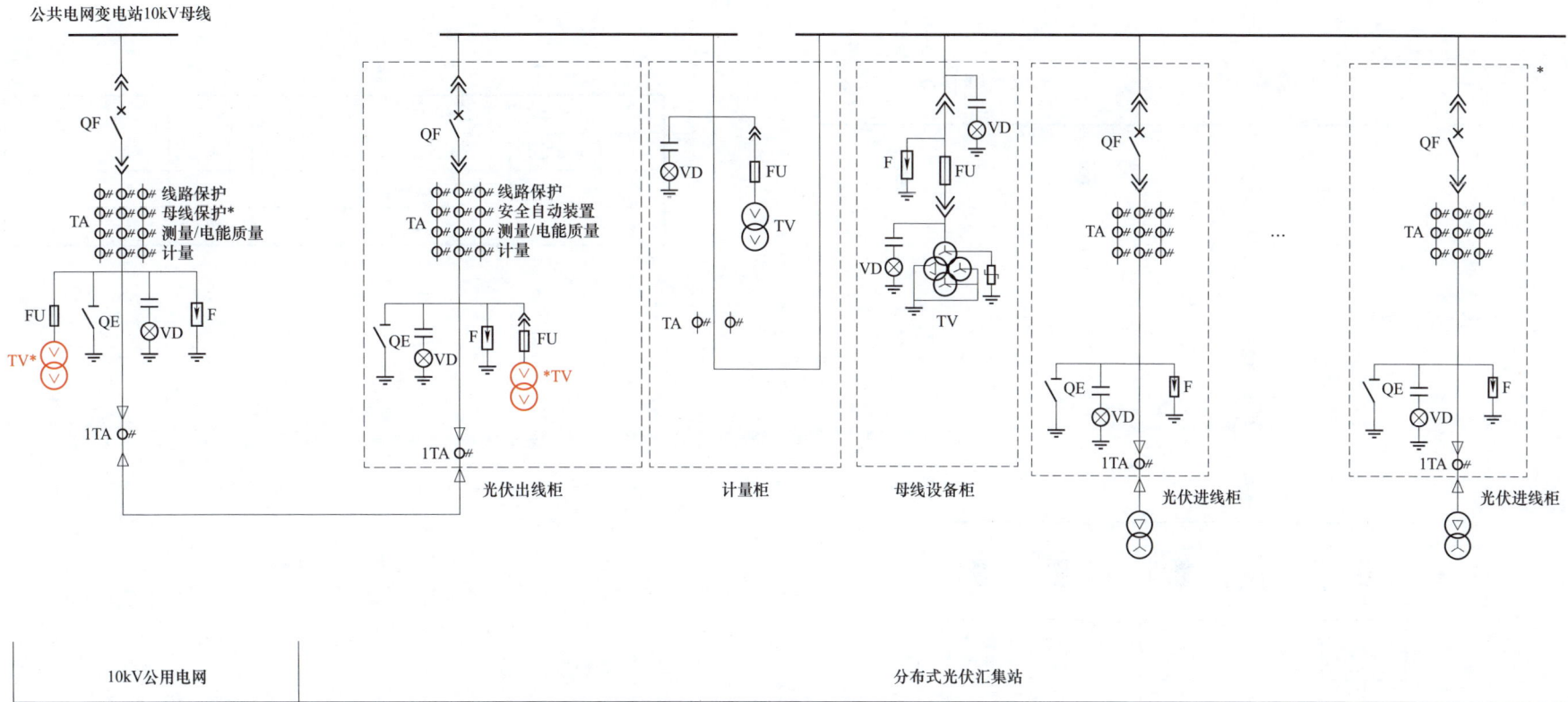

公共电网变电站10kV母线

QF 断路器
TA 电流互感器
1TA 零序电流互感器
TV*
线路保护
母线保护*
测量/电能质量
计量

FU QE VD F

1TA

线路保护
安全自动装置
测量/电能质量
计量

QE VD F FU

*TV

1TA

光伏出线柜

VD FU TV TA

计量柜

F FU VD TV

母线设备柜

QE VD F

1TA

光伏进线柜

...

QF

QE VD F

1TA

光伏进线柜

10kV公用电网

分布式光伏汇集站

注：标*设备根据工程实际需求进行配置。

图4.5－2　电气主接线图（T－2－02）

公共电网变电站

公共连接点 → ┤3┤*

10kV母线

┤1┤

...

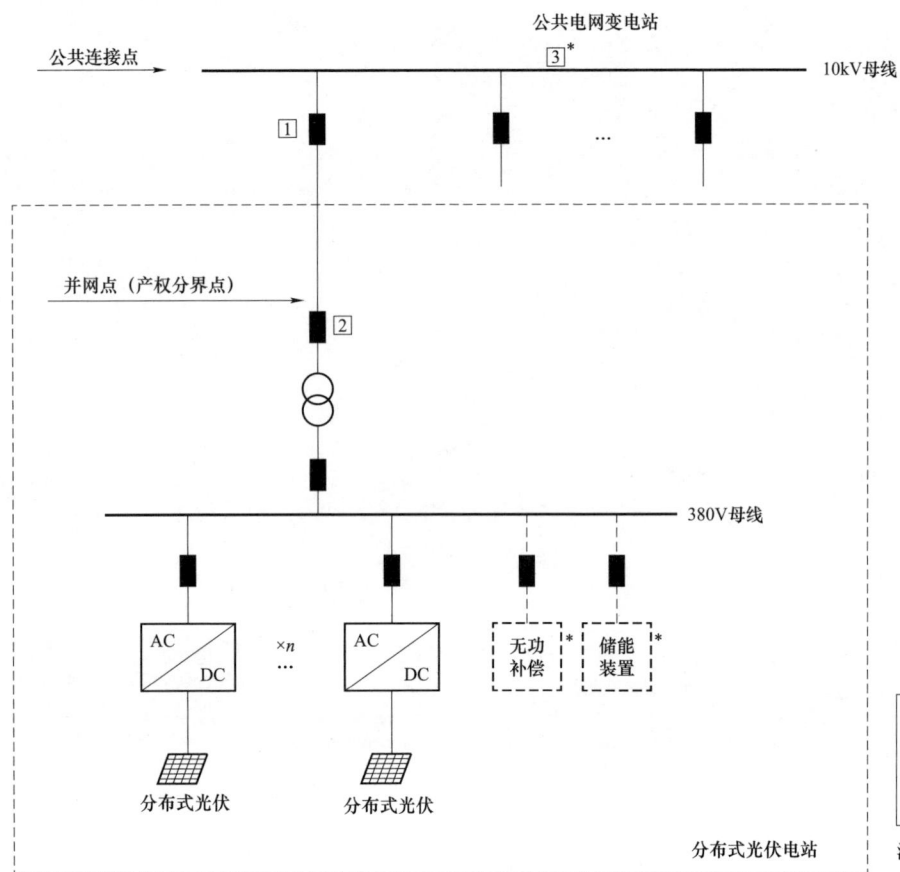

主 要 设 备 材 料 表

序号	厂站	设备名称	规格型号	单位	数量	备注
1	光伏电站	安全自动装置		套	1	
2	变电站	过电流（或距离保护）		套	1	
3		母线保护*		套	1	

并网点（产权分界点）→ ┤2┤

380V母线

| AC / DC | ×n ... | AC / DC | 无功补偿 * | 储能装置 ¹* |

分布式光伏   分布式光伏

分布式光伏电站

图例

┤1┤ 10kV线路过电流(或距离)保护
┤2┤ 安全自动装置
┤3┤ 10kV母线保护

注：标*设备根据工程实际需求进行配置。

图 4.5-3 系统继电保护及安全自动化装置配置（方案一/1）（T-2-03）

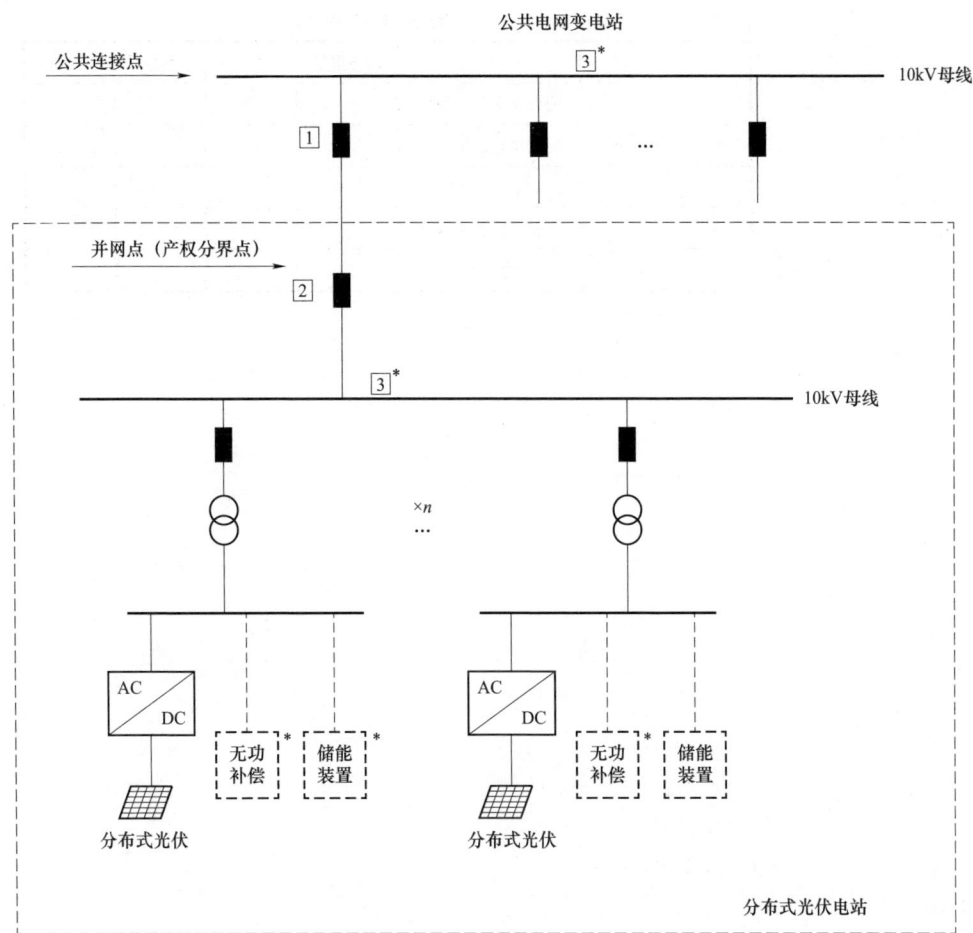

主 要 设 备 材 料 表

序号	厂站	设备名称	规格型号	单位	数量	备注
1	光伏电站	安全自动装置		套	1	
2		母线保护*		套	1	
3	变电站	过电流（或距离保护）		套	1	
4		母线保护*		套	1	

图例

① 10kV线路过电流(或距离)保护

② 安全自动装置

③ 10kV母线保护

注：标*设备根据工程实际需求进行配置。

图 4.5－4　系统继电保护及安全自动化装置配置（方案一/2）（T－2－04）

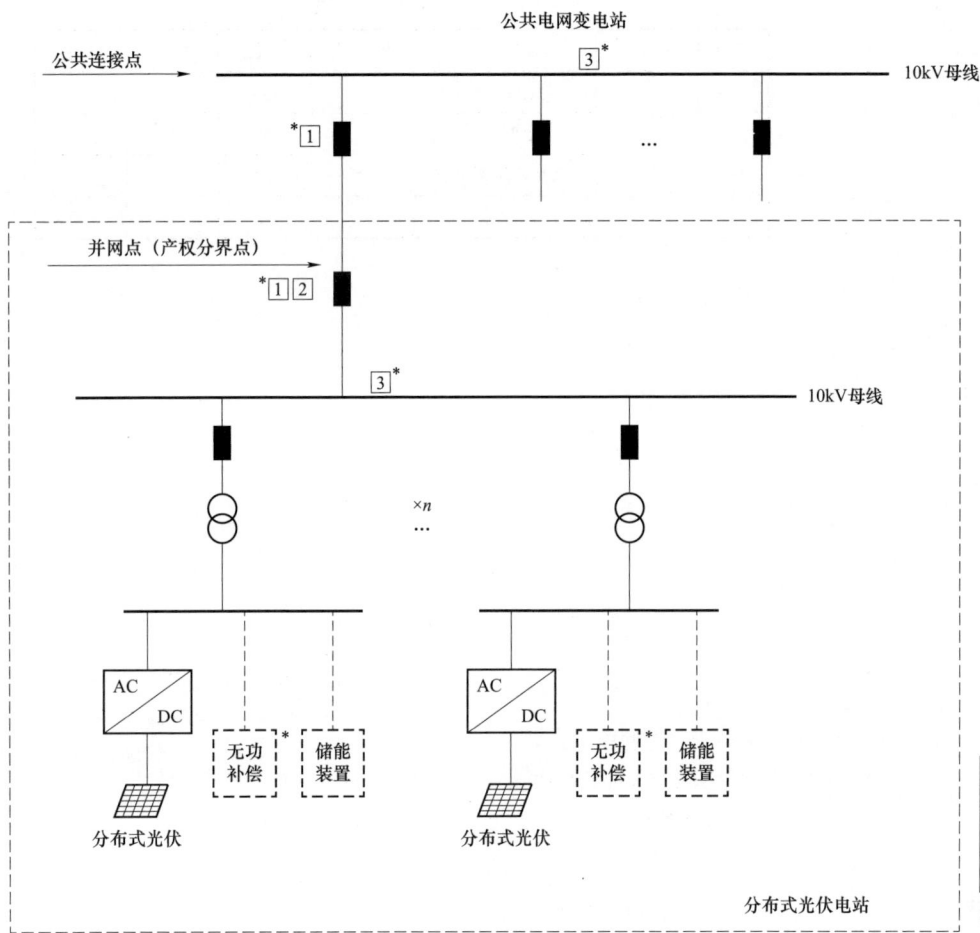

主要设备材料表

序号	厂站	设备名称	规格型号	单位	数量	备注
1	光伏电站	光纤电流差动保护		套	1	
2		安全自动装置		套	1	
3		母线保护*		套	1	
4	变电站	光纤电流差动保护		套	1	
5		母线保护*		套	1	

公共电网变电站

公共连接点

10kV母线

并网点（产权分界点）

10kV母线

×n

AC / DC

无功补偿*

储能装置

分布式光伏

分布式光伏电站

图例

1 10kV线路光纤电流差动保护

2 安全自动装置

3 10kV母线保护

注：标*设备根据工程实际需求进行配置。

图 4.5－5 系统继电保护及安全自动化装置配置（方案二）（T－2－05）

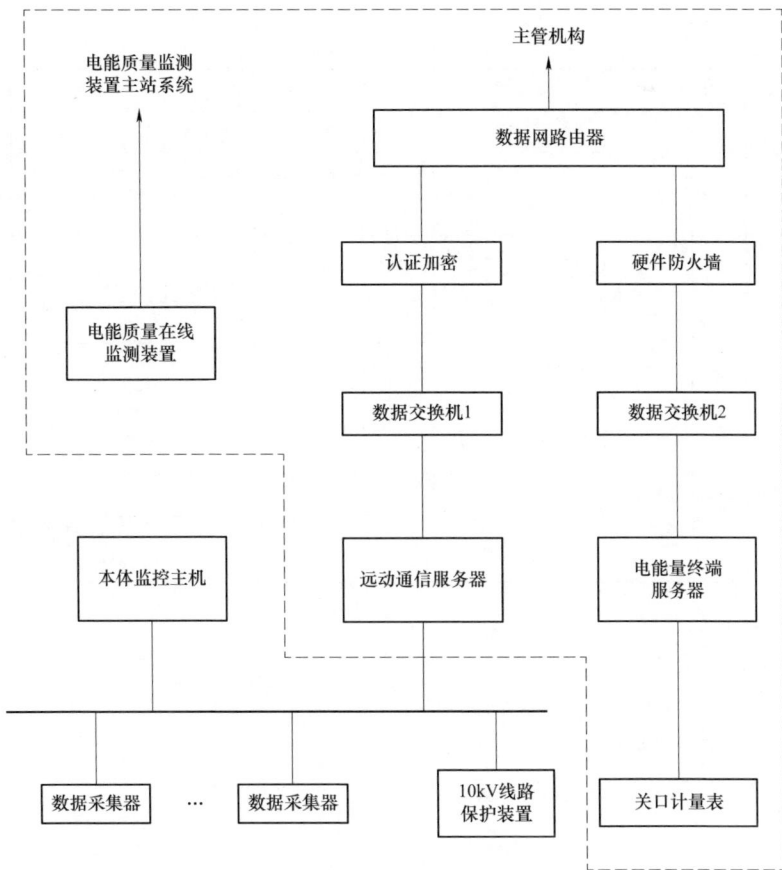

主要设备材料表

序号	厂站	设备名称	规格型号	单位	数量	备注
1	光伏电站	远动通信服务器		套	1	与本体计算机监控系统合一建设
2		关口电能表柜	含主、副表各一块	面	1	
3		电能量终端服务器		套		
4		电能质量在线监测装置		套	1	
5		MIS 网三层交换机		台	1	
6		电力调度数据网接入设备柜	含 1 台路由器，2 台交换机	面	1	
7		二次安全防护设备	含纵向加密装置 1 套，硬件防火墙 1 套	套	1	与调度数据网络设备共同组柜
8	变电站	10kV 线路测控装置		套	1	
9		关口电能表*		只	1	与对侧关口表型号一致

注：1. 标*设备根据工程实际需求进行配置。

2. 虚线框内为光伏电站系统远动设备。

3. 本图适用于光伏电站本体远动系统与监控系统合一建设。

图 4.5－6　光伏电站调度自动化系统配置（一）（T－2－06）

主管机构

电能质量监测
装置主站系统

数据网路由器

认证加密　　　　硬件防火墙

电能质量在线
监测装置

数据交换机1　　数据交换机2

RTU

远动通信服务器
(远动主机)　　　电能量终端
　　　　　　　　服务器

数据采集器　…　数据采集器　　关口计量表

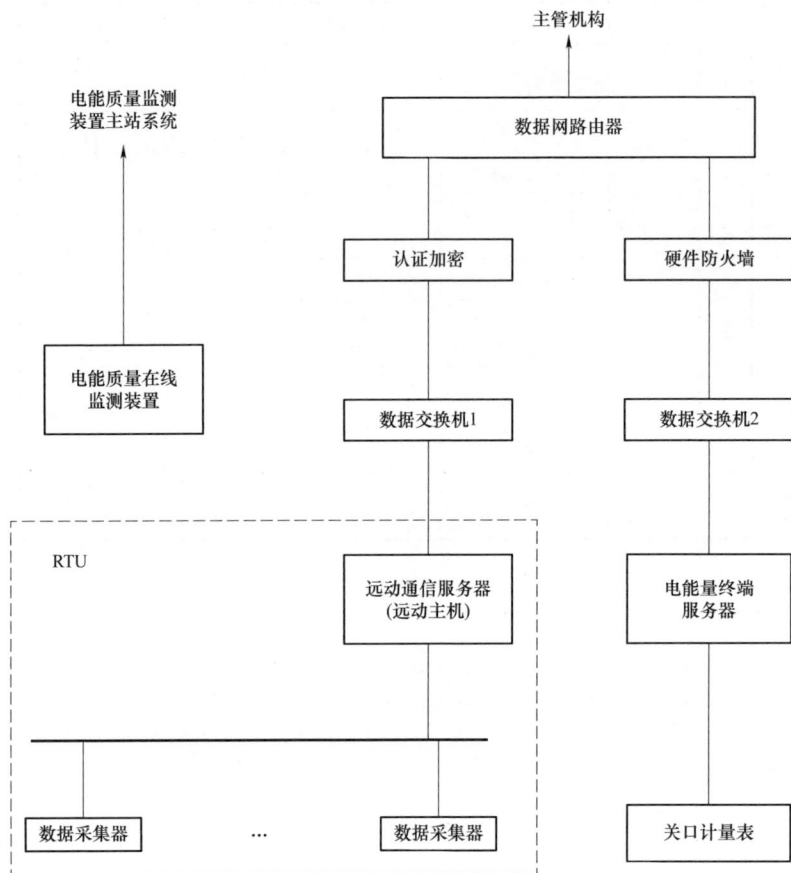

主 要 设 备 材 料 表

序号	厂站	设备名称	规格型号	单位	数量	备注
1	光伏电站	RTU		套	1	
2		关口电能表柜	含主、副表各一块	面	1	
3		电能量终端服务器		套		
4		电能质量在线监测装置		套	1	
5		MIS网三层交换机		台	1	
6		电力调度数据网接入设备柜	含1台路由器，2台交换机	面	1	
7		二次安全防护设备	含纵向加密装置1套，硬件防火墙1套	套	1	与调度数据网络设备共同组柜
8	变电站	10kV线路测控装置		套	1	
9		关口电能表*		只	1	与对侧关口表型号一致

注：1. 标*设备根据工程实际需求进行配置。

2. 本图适用于光伏电站单独配置 RTU。

图 4.5－7　光伏电站调度自动化系统配置（二）（T－2－07）

调度端

SDH

光伏电站拟接入的环网

变电站1   变电站2   变电站3

SDH   SDH   SDH

OLT1   OLT2

POS1   POS2

ONU1   ONU2

调度   综合   调度
数据网   数据网 电话

光伏电站

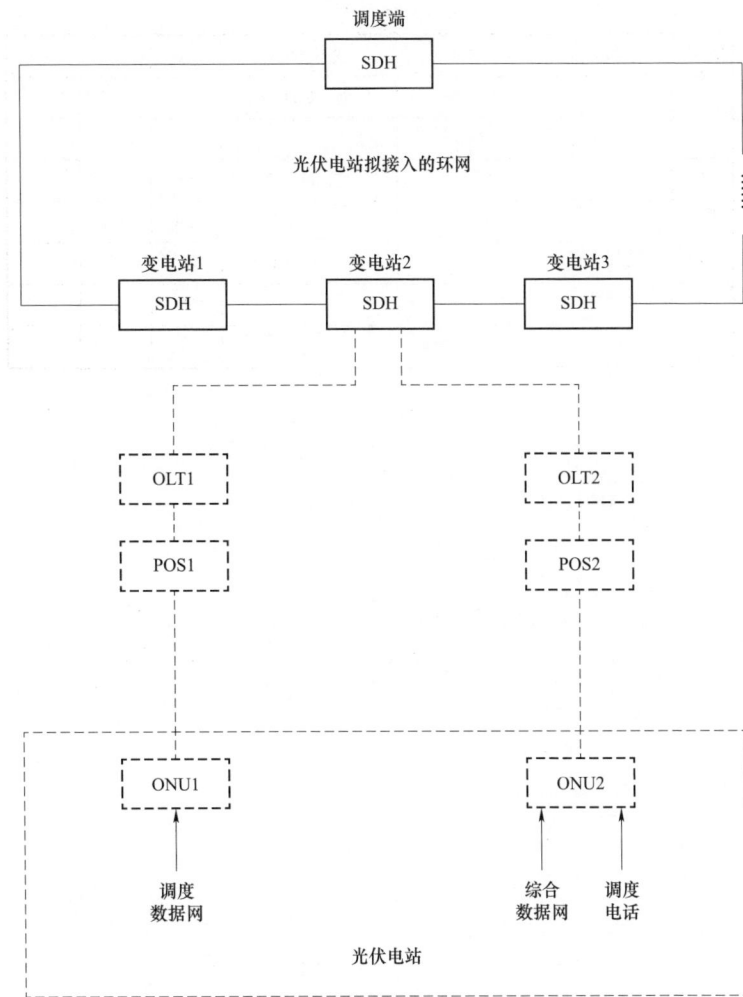

主 要 设 备 材 料 表

序号	厂站	设备名称	规格型号	单位	数量	备注
1		导引光缆	12芯，GYFTZY	km	按需	
2	光伏电站	ONU		台	2	
3		光纤配线架	24	台	1	
4		光缆	12/24芯	km	按需	
5		OLT		台	2	
6	系统接入变电站	导引光缆	12芯，GYFTZY	km	按需	
7		光纤配线架	24	套	1	
8		FE接口板		块	2	

注：虚线表示新增设备或连接。

图 4.5－8　光伏电站接入系统通信图（EPON）（T－2－08）

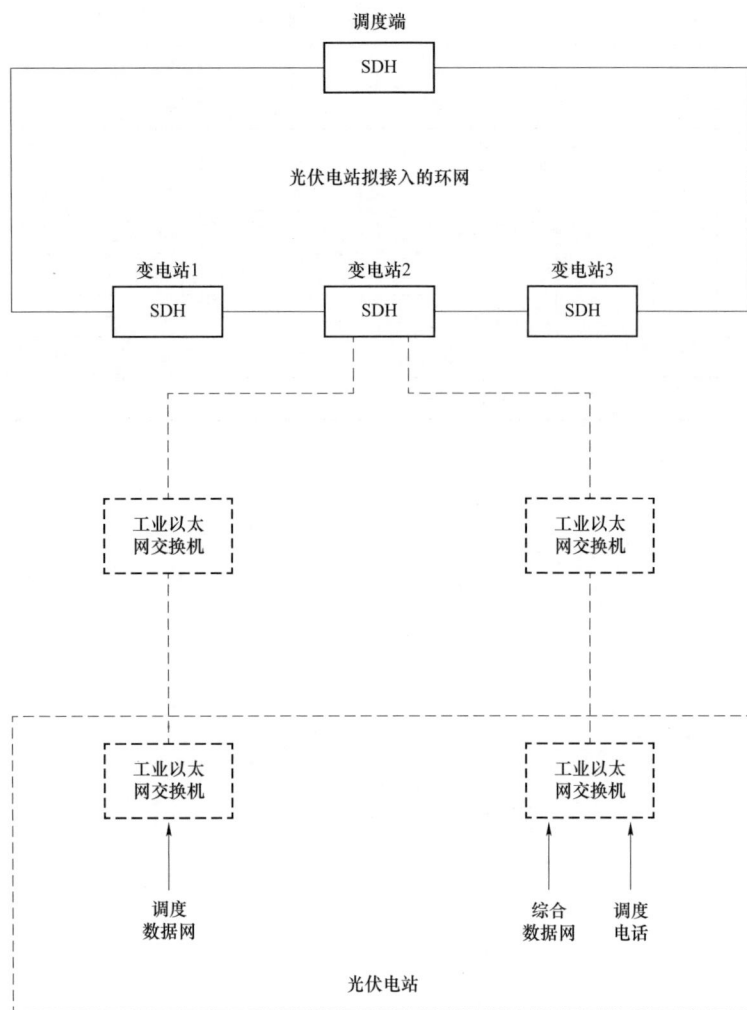

主 要 设 备 材 料 表

序号	厂站	设备名称	规格型号	单位	数量	备注
1	光伏电站	导引光缆	12 芯，GYFTZY	km	按需	
2		工业以太网交换机		台	2	
3		综合配线架	光、音、网	台	1	
4	系统接入变电站	光缆	12/24 芯	km	按需	
5		导引光缆	12 芯，GYFTZY	km	按需	
6		光纤配线架	24	套	1	
7		工业以太网交换机		台	2	

注：虚线表示新增设备或连接。

图 4.5－9　光伏电站接入系统通信图（工业以太网）（T－2－09）

主 要 设 备 材 料 表

序号	厂站	设备名称	规格型号	单位	数量	备注
1	光伏电站	导引光缆	12 芯，GYFTZY	km	按需	
2		光端机	SDH 155M	台	1	
3		IAD 设备		台	1	
4		DC/DC 或 AC/DC 变换模块	−48V	组	2	
5		综合配线架	光、数、音	台	1	
6	系统接入变电站	光缆	12/24 芯	km	按需	
7		导引光缆	12 芯，GYFTZY	km	按需	
8		光纤配线架	24	套	1	
9		光接口	155M	台	2	
10	调度端	IAD 设备		台	1	

注：虚线表示新增设备或连接。

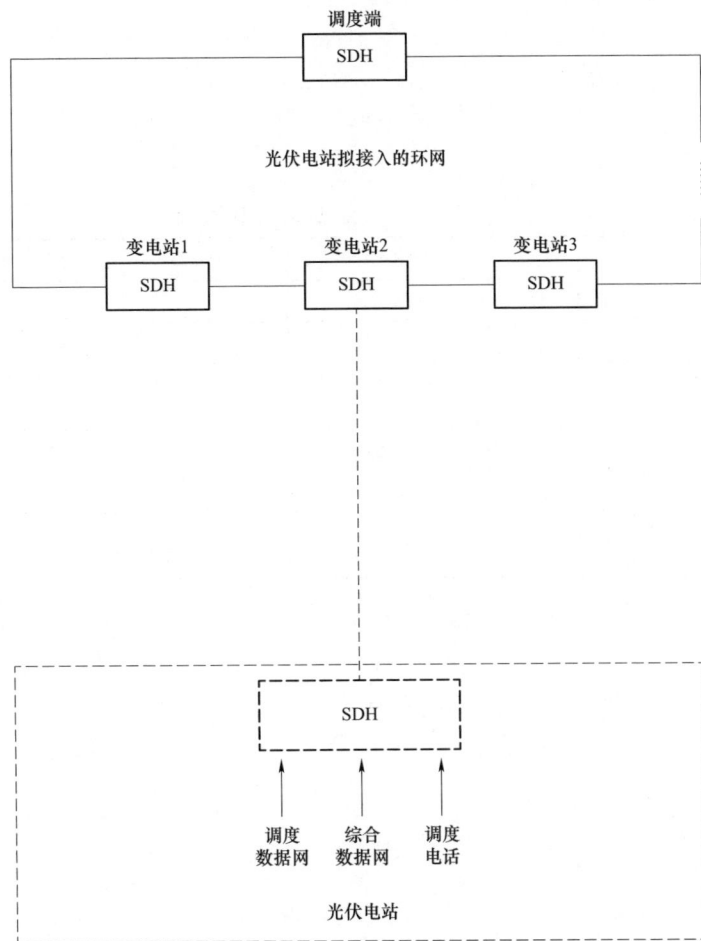

图 4.5－10　光伏电站接入系统通信图（SDH）（T－2－10）

10kV电力线路

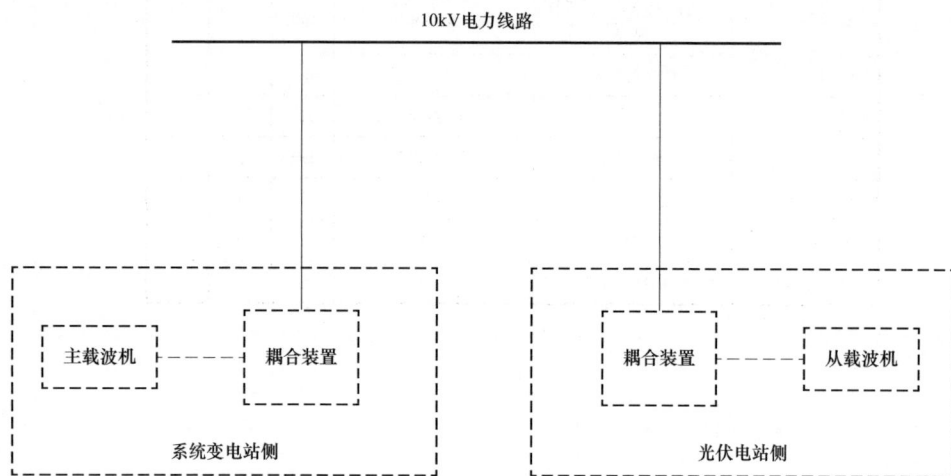

主 要 设 备 材 料 表

序号	厂站	设备名称	规格型号	单位	数量	备注
1	光伏电站	从载波机		台	1	
2		高频电缆		km	按需	
3		耦合装置	线路阻波器、耦合电容器、结合录波器	台	1	
4	系统接入变电站	主载波机		台	1	
5		高频电缆		km	按需	
6		耦合装置	线路阻波器、耦合电容器、结合录波器	台	1	

主载波机 ---- 耦合装置

系统变电站侧

耦合装置 ---- 从载波机

光伏电站侧

注：虚线表示新增设备或连接。

图 4.5-11 光伏电站接入系统通信图（中压电力线载波）（T-2-11）

4.6 接入公共变电站 35kV 母线或公共电网 35kV 线路典型设计（GF35-T-1）

4.6.1 方案概述

该方案为光伏接入系统典型设计方案，方案号为 GF35-T-1。

a）适用范围。适用于 35kV 全额上网的分布式光伏项目。

b）参考容量。单个并网点装机容量 6～20MW。

c）方案描述。分布式光伏由升压变压器经 1 回线路接入公共电网变电站 35kV 母线或公共电网 35kV 线路。可根据实际情况选择一次升压接入 35kV 电网或多次升压汇集接入 35kV 电网。

4.6.2 接入系统一次

光伏电站接入系统方案需结合电网规划、分布式电源规划，按照就近分散接入，就地平衡消纳的原则进行设计。

4.6.2.1 送出方案

本方案通过 1 回线路接入公共变电站 35kV 母线或接入公共电网 35kV 线路。本方案主要适用于全部上网（接入公共电网）的光伏电站，公共连接点可为公共变电站 35kV 母线或公共电网 35kV 线路，经单个并网点并网，单个并网点参考装机容量 6～20MW。可根据实际情况选择一次升压接入 35kV 电网或多次升压汇集接入 35kV 电网。一次系统接线示意图见图 4.6-1。

4.6.2.2 电气计算

（1）潮流分析。本方案设计中应对设计水平年有代表性的正常最大、最小负荷运行方式，检修运行方式，以及事故运行方式进行分析，必要时进行潮流计算。

（2）短路电流计算。计算设计水平年系统最大运行方式下，电网公共连接点和光伏电站并网点在光伏电站接入前后的短路电流，为电网相关厂站及光伏电站的开关设备选择提供依据。如短路电流超标，应提出相应控制措施。当无法确定光伏逆变器具体短路特征参数情况下，考虑一定裕度，光伏发电提供的短路电流按照 1.5 倍额定电流计算。

（3）电能质量分析。

1）光伏发电系统向当地交流负荷提供电能和向电网送出电能的质量，在谐波、电压偏差、电压不平衡、电压波动等方面，满足现行国家标准 GB/T 14549

《电能质量　公共电网谐波》、GB/T 12325《电能质量　供电电压偏差》、GB/T 15543《电能质量　三相电压不平衡》、GB/T 12326《电能质量　电压波动和闪变》的有关规定；

2）光伏发电系统向公共连接点注入的直流电流分量不应超过其交流额定值的 0.5%。

（4）无功平衡计算。

1）本方案光伏发电系统的无功功率和电压调节能力应满足相关标准的要求，选择合理的无功补偿措施；

2）光伏发电系统无功补偿容量的计算，应充分考虑逆变器功率因数、汇集线路、变压器和送出线路的无功损失等因素；

3）通过 35kV 电压等级并网的光伏发电系统功率因数应在 0.98 以上；

4）光伏电站配置的无功补偿装置类型、容量及安装位置应结合光伏发电系统实际接入情况确定，宜安装动态无功补偿装置。

4.6.3 主要设备选择原则

（1）主接线。35kV 采用线变组或单母线接线。

（2）升压站主变压器。光伏电站内升压变压器容量一般按照光伏装置容量的 1～1.1 倍选取，电压等级为 35/0.4kV。当分布式光伏接入不能满足调压或电压质量要求时，可采用有载调压变压器。若变压器同时为负荷供电，可根据实际情况选择容量。

（3）送出线路导线截面。光伏电站送出线路导线截面选择应遵循以下原则：

1）光伏电站送出线路导线截面选择需根据所需送出的容量、并网电压等级选取，并考虑分布式电源发电效率等因素；

2）光伏电站送出线路导线截面一般按持续极限输送容量选择。

（4）开断设备。光伏电站并网点应安装易操作、可闭锁、具有明显开断点、带接地功能、可开断故障电流、具备失压跳闸及低压合闸功能的断路器。

根据短路电流水平选择设备开断能力，并需留有一定裕度，一般宜采用 25kA 或 31.5kA，断路器宜具有"三遥"功能并满足相应通信规约要求。

4.6.4 电气主接线

电气主接线方案见图 4.6-2 和图 4.6-3。

4.6.5 系统对光伏电站的技术要求

4.6.5.1 电能质量

由于光伏发电系统出力具有波动性和间歇性，另外光伏发电系统通过逆变器将太阳能电池方阵输出的直流转换交流供负荷使用，含有大量的电力电子设备，接入配电网会对当地电网的电能质量产生一定的影响，包括谐波、电压偏差、电压波动、电压不平衡度和直流分量等方面。为了能够向负荷提供可靠的电力，由光伏发电系统引起的各项电能质量指标应该符合相关标准的规定。

（1）谐波。光伏电站接入电网后，公共连接点的谐波电压应满足 GB/T 14549《电能质量　公共电网谐波》的规定。公用电网谐波电压限值见表 4.6－1。

表 4.6－1　　公用电网谐波电压限值

电网标称电压（kV）	电压总谐波畸变率（%）	各次谐波电压含有率（%）	
		奇次	偶次
35	3	2.4	1.2

光伏电站接入电网后，公共连接点处的总谐波电流分量（方均根）应满足 GB/T 14549《电能质量　公共电网谐波》的规定。应不超过表 4.6－2 规定的允许值。其中光伏电站向电网注入的谐波电流允许值按此光伏电站安装容量与其公共连接点的供电设备容量之比进行分配。

表 4.6－2　　注入公共连接点的谐波电流允许值

标准电压（kV）	基准短路容量（MVA）	谐波次数及谐波电流允许值（A）							
		2	3	4	5	6	7	8	9
35	250	15	12	7.7	12	5.1	8.8	3.8	4.1

（2）电压偏差。光伏电站接入电网后，公共连接点的电压偏差应满足 GB/T 12325《电能质量　供电电压偏差》的规定，35kV 三相供电电压正、负偏差绝对值之和不超过标称电压的 10%。

（3）电压波动。光伏电站接入电网后，公共连接点的电压波动应满足 GB/T 12326《电能质量　电压波动和闪变》的规定。对于光伏电站出力变化引起的电压变动，其频度可以按照 $1 < r \leqslant 10$（每小时变动的次数在 10 次以内）考虑，因此光伏电站接入引起的公共连接点电压变动最大不得超过 3%。

（4）电压不平衡度。光伏电站接入电网后，公共连接点的三相电压不平衡度应不超过 GB/T 15543《电能质量　三相电压不平衡》规定的限值，公共连接点的负序电压不平衡度应不超过 2%，短时不得超过 4%；其中由光伏电站引起的负序电压不平衡度应不超过 1.3%，短时不超过 2.6%。

（5）直流分量。光伏电站向公共连接点注入的直流电流分量不应超过其交流额定值的 0.5%。

4.6.5.2 电压异常时的响应特性

本方案光伏电站应按照附录 B 要求的时间停止向电网线路送电，此要求适用于三相系统中的任何一相。

4.6.5.3 频率异常时的响应特性

本方案应具备一定的耐受系统频率异常的能力，应能够在附录 C 所示电网频率偏离下运行。

4.6.6 接入系统二次

接入系统二次部分根据系统一次接入方案，结合有关现状进行设计，包括系统继电保护及安全自动装置、系统调度自动化、系统通信。

4.6.6.1 系统继电保护及安全自动装置

配置及选型如下：

（1）35kV 线路保护。

1）配置原则。光伏电站线路发生短路故障时，线路保护能快速动作，瞬时跳开相应并网点断路器，满足全线故障时快速可靠切除故障的要求。

专线接入公网 35kV 母线时，可在 35kV 线路系统侧配置 1 套线路过电流保护或距离保护，光伏电站侧可不配线路保护，靠系统侧切除线路故障。

T 接入 35kV 公共线路时，为保证供电可靠性，减少停电范围，宜在光伏电站侧配置 1 套过电流保护反应内部故障。

当上述两种保护无法整定或配合困难以及对供电可靠性要求较高时，宜配置纵联电流差动保护。

2）技术要求。

a. 线路保护应适用于系统一次特性和电气主接线的要求。

b. 线路两侧纵联保护配置与选型应相互对应，保护的软件版本应完全一致。

c. 被保护线路在空载、轻载、满载等各种工况下，发生金属性和非金属性的各种故障时，线路保护应能正确动作。系统无故障、外部故障、故障转换以及系统操作等情况下保护不应误动。

d. 在本线发生振荡时保护不应误动，振荡过程中再故障时，应保证可靠切除故障。

e. 主保护整组动作时间不大于 20ms（不包括通道传输时间），返回时间不大于 30ms（从故障切除到保护出口接点返回）。

f. 手动合闸或重合于故障线路上时，保护应能可靠瞬时三相跳闸。手动合闸或重合于无故障线路时应可靠不动作。

g. 保护装置应具有良好的滤波功能，具有抗干扰和抗谐波的能力。在系统投切变压器、静止补偿装置、电容器等设备时，保护不应误动作。

（2）母线保护。

1）配置原则。若光伏电站侧为线变组接线，经升压变压器后直接输出，不配置母线保护。

对于设置 35kV 母线的光伏电站，35kV 母线保护配置应与 35kV 线路保护统筹考虑。当系统侧配置线路过电流或距离保护时，光伏电站侧可不配置母线保护，仅由变电站侧线路保护切除故障；当线路两侧配置线路纵联电流差动保护时，光伏电站侧宜相应配置保护装置，快速切除母线故障；如后备保护不能满足要求，也可配置专用母线保护，快速切除母线故障。

2）技术要求。

a. 母线保护接线应能满足最终规模电气一次接线的要求。

b. 母线保护不应受电流互感器暂态饱和的影响而发生不正确动作，并应允许使用不同变比的电流互感器，母线差动保护各支路电流互感器变比差不宜大于 4 倍。

c. 母线保护不应因母线故障时流出母线的短路电流影响而拒动。

（3）安全自动装置。在并网点设置安全自动装置等设备，具备防孤岛保护功能及频率电压异常紧急控制功能。

光伏电站逆变器必须具备快速监测孤岛且监测到孤岛后立即断开与电网连接的能力，其防孤岛方案应与继电保护配置、安全自动装置配置和低电压穿越等相配合，时间上互相匹配。

（4）系统侧变电站。

1）线路保护。需要校验系统侧变电站的相关的线路保护是否满足光伏电站接入要求。若能满足接入的要求，予以说明即可。若不能满足光伏电站接入方案的要求，则系统侧变电站需要做相关的线路保护配置方案。

2）母线保护。需要校验系统侧变电站的母线保护是否满足接入方案的要求。若能满足接入的要求，予以说明即可。若不能满足光伏电站接入方案的要求，则系统侧变电站需要配置母线保护。

3）其他要求。需核实变电站侧备自投方案、相关线路的重合闸方案，要求根据防孤岛检测方案，提出调整方案。

光伏电站线路接入变电站后，备自投动作时间须躲过光伏电站防孤岛检测动作时间。

（5）对其他专业的要求。

1）对电气一次专业。系统继电保护应使用专用的电流互感器和电压互感器的二次绕组，电流互感器准确级宜采用 5P、10P 级，电压互感器准确级宜采用 0.5、3P 级。

2）对通信专业的要求。系统继电保护及安全自动装置要求提供足够的可靠的信号传输通道。

3）光伏电站内需具备直流电源和 UPS 电源，供新配置的保护装置、测控装置、电能质量检测装置等设备使用。

4.6.6.2 系统调度自动化

（1）调度关系及调度管理方式。调度管理关系根据相关电力系统调度管理规定、调度管理范围划分原则确定。远动信息的传输原则根据调度运行管理关系确定。

本方案光伏电站所发电量全部上网由电网收购，发电系统性质为公共光伏系统。

（2）配置及要求。

1）光伏电站远动系统。光伏电站本体远动系统功能宜由本体监控系统集成，本体监控系统具备信息远传功能；本体不具备条件时，独立配置远方终端，采集相关信息。

方案一：光伏电站本体配置监控系统，具备远动功能，有关光伏电站本体的信息的采集、处理采用监控系统来完成，该监控系统配置单套用于信息远传的远动通信服务器。

光伏电站监控系统实时采集并网运行信息，并上传至相关电网调度部门；配置远程遥控装置的分布式光伏，应能接收、执行调度端远方控制解并列、启停和发电功率的指令。

方案二：单独配置技术先进、易于灵活配置的 RTU（单套远动主机配置），需具备遥测、遥信、遥控、遥调及网络通信等功能，实时采集并网运行信息，主要包括并网点开关状态、并网点电压和电流、光伏发电系统有功功率和无功功率、光伏发电量等，并上传至相关电网调度部门；配置远程遥控装置的分布式光伏，应能接收、执行调度端远方控制解并列、启停和发电功率的指令。

2）有功功率控制及无功电压控制。光伏电站远动通信服务器需具备与控制系统的接口，接受调度部门的指令，具体调节方案由调度部门根据运行方式确定。

光伏电站有功功率控制系统应能够接收并执行电网调度部门发送的有功功率及有功功率变化的控制指令，确保光伏电站有功功率及有功功率变化按照电力调度部门的要求运行。

光伏电站无功电压控制系统应能根据电力调度部门指令，调节其发出（或吸收）的无功功率，控制并网点电压在正常运行范围内，其调节速度和控制精度应能满足电力系统电压调节的要求。

3）电能量计量。在光伏电站内配备电能量计量系统设备，以实现计量点电量信息的采集和远传。

a. 安装位置与要求。本方案在产权分界点设置关口计量电能表（最终按用户与业主计量协议为准），安装同型号、同规格、准确度相同的主、副电能表各一套。主、副表应有明确标志。

b. 技术要求。电能计量装置的配置和技术要求应符合 DL/T 448 和 DL/T 614 的要求。电能表采用静止式多功能电能表，至少应具备双向有功和四象限无功计量功能、事件记录功能，配有标准通信接口，具备本地通信和通过电能信息采集终端远程通信的功能，电能表通信协议符合 DL/T 645。

35kV 关口计量电能表准确度等级应为有功 0.2S 级，无功 2.0 级，并且要求有关电流互感器、电压互感器的准确度等级需分别达到 0.2S、0.2 级。

c. 计量信息统计与传输。配置计量终端服务器 1 台，计费表采集信息通过计量终端服务器接入计费主站系统（电费计量信息），电价补偿计量信息也可由计费主站系统统一收集后，转发光伏发电管理部门。

4）电能质量监测装置。需要在并网点装设满足 GB/T 19862《电能质量监测设备通用要求》标准要求的 A 类电能质量在线监测装置一套。监测电能质量参数，包括电压、频率、谐波、功率因数等。

电能质量在线监测数据需上传至相关主管机构。

5）系统变电站。本方案光伏电站接入系统变电站变后，变电站调度管理关系不变。需相应配置测控装置，采集光伏电站线路的相关信息，并接入该系统变电站现有监控系统。

6）远动信息内容。远动信息内容见 3.4.3.2。

7）远动信息传输。光伏电站的远动信息传送到调度主管机构，应采用专网方式，宜单路配置专网远动通道，优先采用电力调度数据网络。一般可采取基于 DL/T 634.5101 和 DL/T 634.5104 通信协议。

当采用电力调度数据网络时，需在光伏电站配置调度数据专网接入设备 1 套，组柜安装于光伏电站二次设备室。

8）二次安全防护。为保证光伏电站内计算机监控系统的安全稳定可靠运行，防止站内计算机监控系统因网络黑客攻击而引起电网故障，二次安全防护实施方案配置如下：

a. 按照"安全分区、网络专用、横向隔离、纵向认证"的基本原则，配置站内二次系统安全防护设备。

b. 纵向安全防护：控制区的各应用系统接入电力调度数据网前应加装 IP 认证加密装置，非控制区的各应用系统接入电力调度数据网前应加装防火墙。

c. 横向安全防护：控制区和非控制区的各应用系统之间宜采用 MPLS VPN 技术体制，划分为控制区 VPN 和非控制区 VPN。

若采用电力数据网接入方式，需相应配置 1 套纵向 IP 认证加密装置和 1 套硬件防火墙。

若采用无线专网方式，需配置加密装置。

若站内监控系统与其他系统存在信息交换，应按照上述二次安全防护要求采取安全防护措施。

4.6.6.3 系统通信

（1）系统概述。着重介绍光伏电站一次接入系统方案中的接入线路起讫点、新建线路与相关原有线路的关系、相关线路长度等与通信方案密切相关的情况。

（2）信息需求。明确调度关系，根据调度组织关系、运行管理模式和电力系统接线，提出线路保护、安全自动装置、调度自动化等相关信息系统对通道的要求，以及光伏电站至调度、集控中心、运行维护等单位的各类信息通道要求。

（3）通信现状。简述与光伏电站相关的电力系统通信现状，包括传输型式、电路制式、电路容量、组网路由、设备配置、相关光缆情况等。

（4）通信方案。根据国家电网公司技术规定，为满足光伏电站的信息传输需求，结合接入条件，因地制宜地确定光伏电站的通信方案。

1）光纤通信。根据国家电网公司技术规定，为满足光伏电站的信息传输需求，结合接入条件，因地制宜地确定光伏电站的通信方案。

a. 光缆建设方案。根据光伏电站新建 35kV 送出线路的不同型式，光缆可以采用 ADSS 光缆、OPGW 光缆，光缆芯数 24 芯，光缆纤芯均采用 ITU－T G.652 光纤。利用光伏电站新建 35kV 送出线路路径新建光缆到变电站；也可采用其他路径直接新建光缆到变电站。进入光伏电站的引入光缆，宜选择非金属阻燃光缆。

b. 通信电路建设方案。在光伏电站配置 1 台 SDH 光端机，并在接入变电站现有设备上增加 2 块 155Mbit/s 光接口板，通过上述光缆建设方案中的新建光缆，形成光伏电站至接入变电站的（1＋1）光通信电路，将光伏电站的通信、自动化等信息接入系统，形成光伏电站至系统的通信通道。

2）无线方式。光伏电站接入可采用无线公网通信方式，但应采取信息安全防护措施。当有控制要求时，不应采用无线公网通信方式。

无线公网的通信方式应满足 Q/GDW 625《配电自动化建设与改造标准化设计技术规定》和 Q/GDW 380.2《电力用户用电信息采集系统管理规范　第二部分　通信信道建设管理规范》的相关规定，采取可靠的安全隔离和认证措施，支持用户优先级管理。

（5）站内通信。根据调度管理部门需要设置调度电话和行政电话，并配置 IAD 设备实现与调度端通信。

（6）业务组织。根据光伏电站信息传输需求和通信方案，对光伏电站各业务信息通道组织。

（7）通信设备供电。光伏电站可独立配置通信电源，或通过站内直流系统配置 DC/DC 模块变换为－48V 为通信设备供电。

4.6.7　GF35－T－1 方案设计图清单（见表 4.6－3）

表 4.6－3　　　　　　　　　　GF35－T－1 方案设计图清单

图序	图名	图纸编号
图 4.6－1	一次系统接线示意图	T－1－01
图 4.6－2	电气主接线图（一）	T－1－02
图 4.6－3	电气主接线图（二）	T－1－03
图 4.6－4	系统继电保护及安全自动化装置配置（一）（方案一）	T－1－04
图 4.6－5	系统继电保护及安全自动化装置配置（一）（方案二）	T－1－05
图 4.6－6	系统继电保护及安全自动化装置配置（二）（方案一）	T－1－06
图 4.6－7	系统继电保护及安全自动化装置配置（二）（方案二）	T－1－07
图 4.6－8	光伏电站调度自动化系统配置（一）	T－1－08
图 4.6－9	光伏电站调度自动化系统配置（二）	T－1－09
图 4.6－10	光伏电站接入系统通信图（SDH）	T－1－10

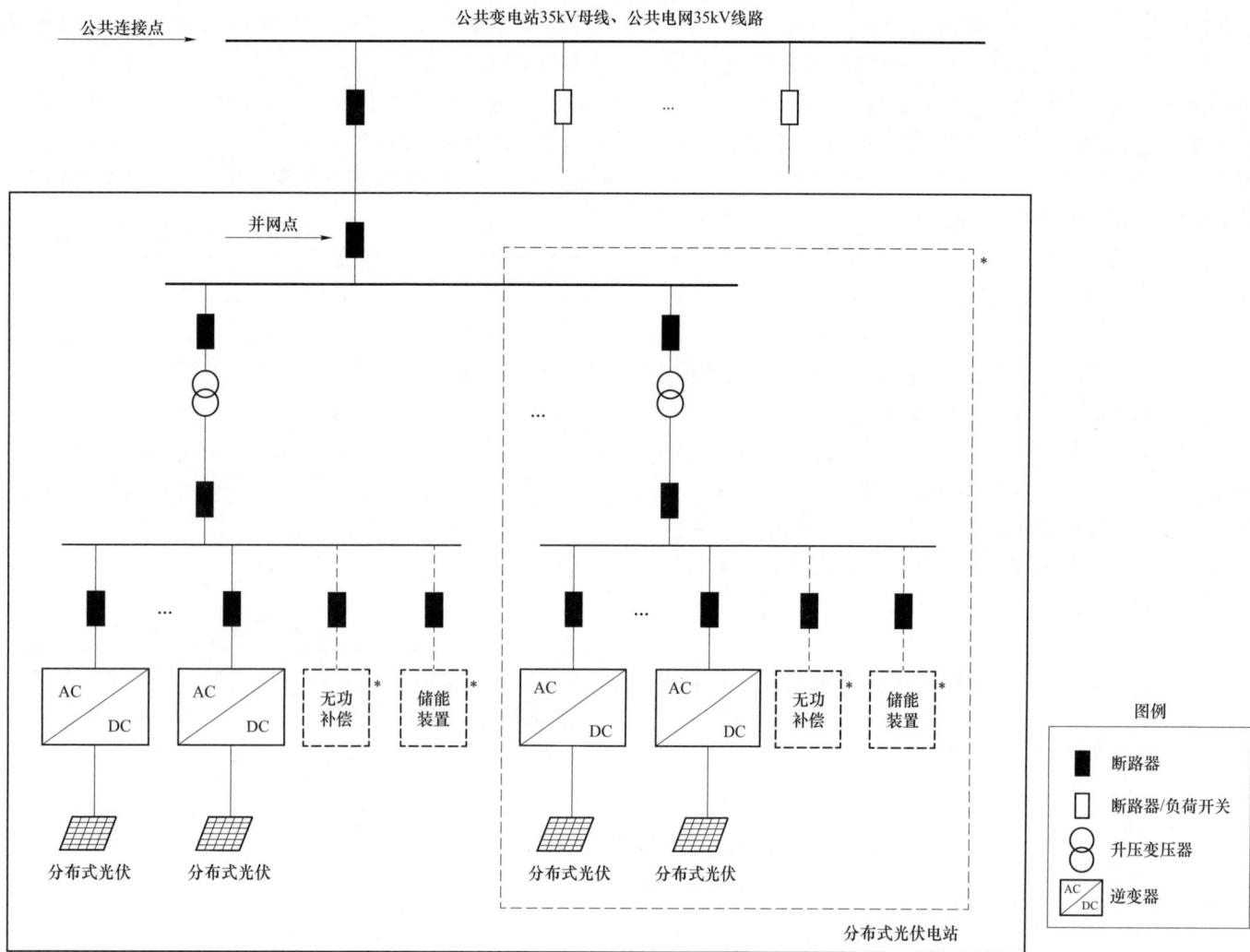

图例

■ 断路器

□ 断路器/负荷开关

8 升压变压器

AC/DC 逆变器

注：1. 标*设备根据工程实际需求进行配置。

2. 无功和储能的配置点根据实际情况确定。

图 4.6-1 一次系统接线示意图（T-1-01）

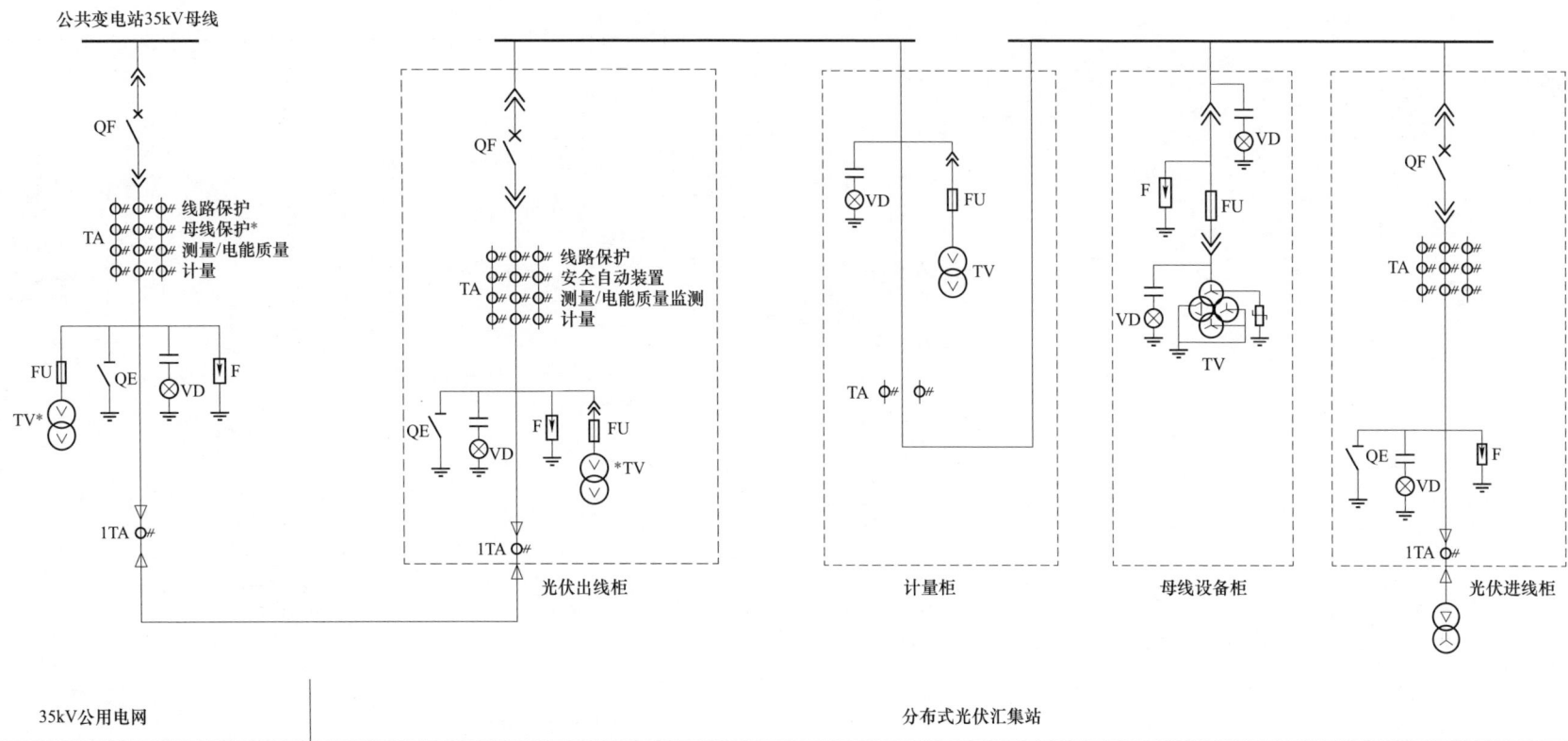

公共变电站35kV母线

线路保护
母线保护*
测量/电能质量
计量

QF
TA
FU
QE
VD
F
TV*
1TA

线路保护
安全自动装置
测量/电能质量监测
计量

QF
TA
QE
VD
F
FU
*TV
1TA

光伏出线柜

VD
FU
TV
TA

计量柜

VD
F
FU
VD
TV

母线设备柜

QF
TA
QE
VD
F
1TA

光伏进线柜

35kV公用电网

分布式光伏汇集站

注：标*设备根据工程实际需求进行配置。

图例

QF	断路器	F	避雷器
QE	接地开关	FU	熔断器
TA	电流互感器	TV	电压互感器
1TA	零序电流互感器	VD	带电显示器

图4.6-2 电气主接线图（一）（T-1-02）

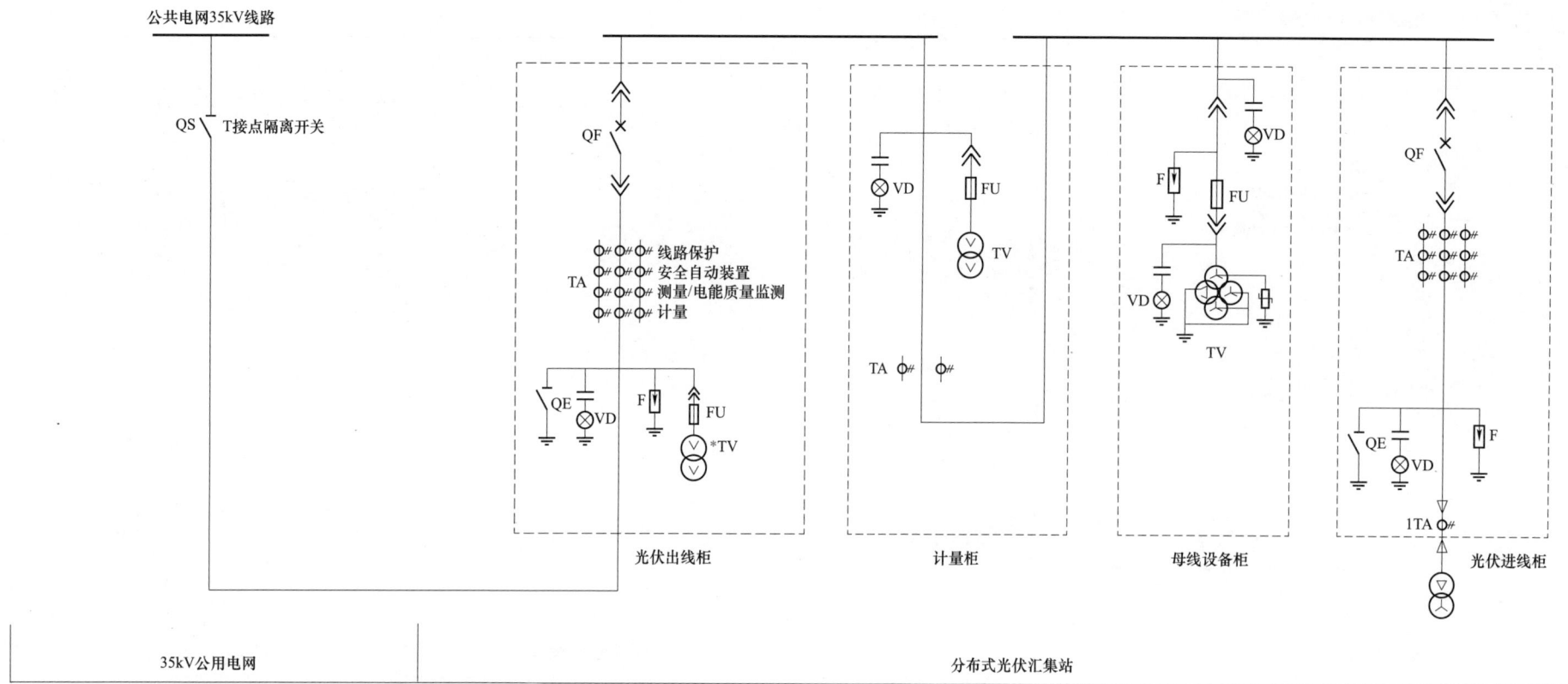

公共电网35kV线路

QS T接点隔离开关

QF

TA 线路保护
安全自动装置
测量/电能质量监测
计量

QE VD F FU
*TV

光伏出线柜

VD FU
TV
TA

计量柜

VD
F FU
VD
TV

母线设备柜

QF

TA

QE VD F

1TA

光伏进线柜

35kV公用电网

分布式光伏汇集站

注：标*设备根据工程实际需求进行配置。

图例

QF	断路器	TV	电压互感器
QS	隔离开关	F	避雷器
QE	接地开关	FU	熔断器
TA	电流互感器	VD	带电显示器
1TA	零序电流互感器		

图 4.6-3　电气主接线图（二）（T-1-03）

公共连接点 →　　　公共变电站35kV母线

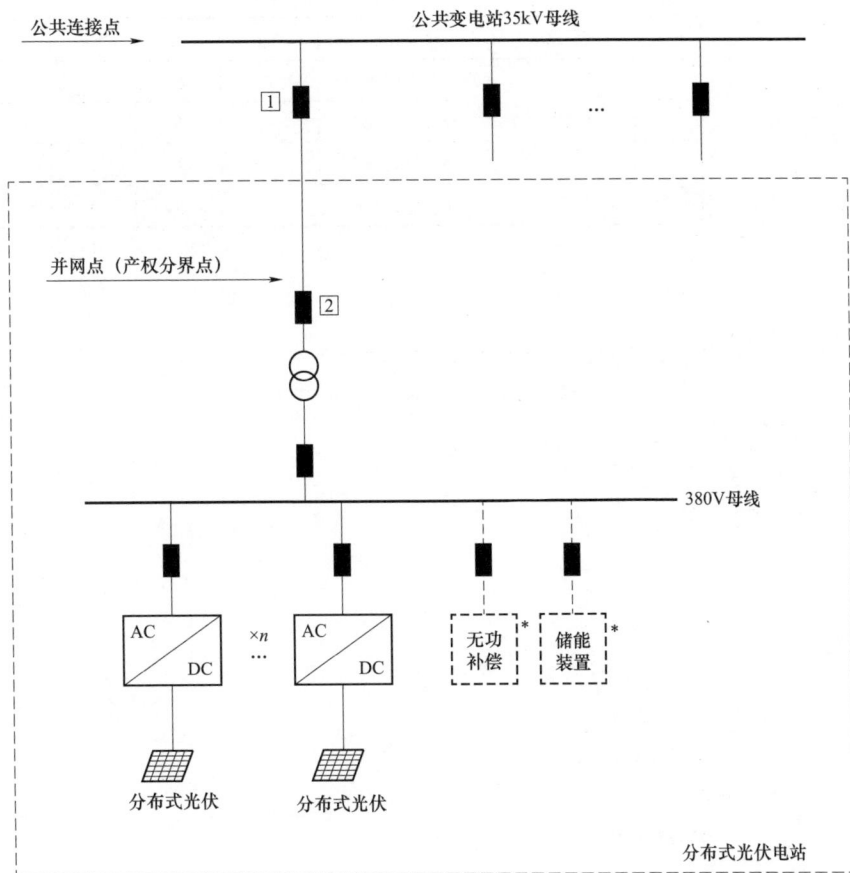

主 要 设 备 材 料 表

序号	厂站	设备名称	规格型号	单位	数量	备注
1	光伏电站	安全自动装置		套	1	
2	公共变电站	过电流（或距离保护）		套	1	

1

并网点（产权分界点）→

2

380V母线

AC
DC　　×n
...　　AC
DC

无功
补偿 *　　储能
装置 *

注：1. 标*设备根据工程实际需求进行配置。

2. 本图适用于接入公共变电站 35kV 母线。

图例

1 35kV线路过电流(或距离)保护

2 安全自动装置

注：标*设备根据工程实际需求进行配置。

AC
DC

分布式光伏　　　分布式光伏

分布式光伏电站

图 4.6－4　系统继电保护及安全自动化装置配置（一）（方案一）（T－1－04）

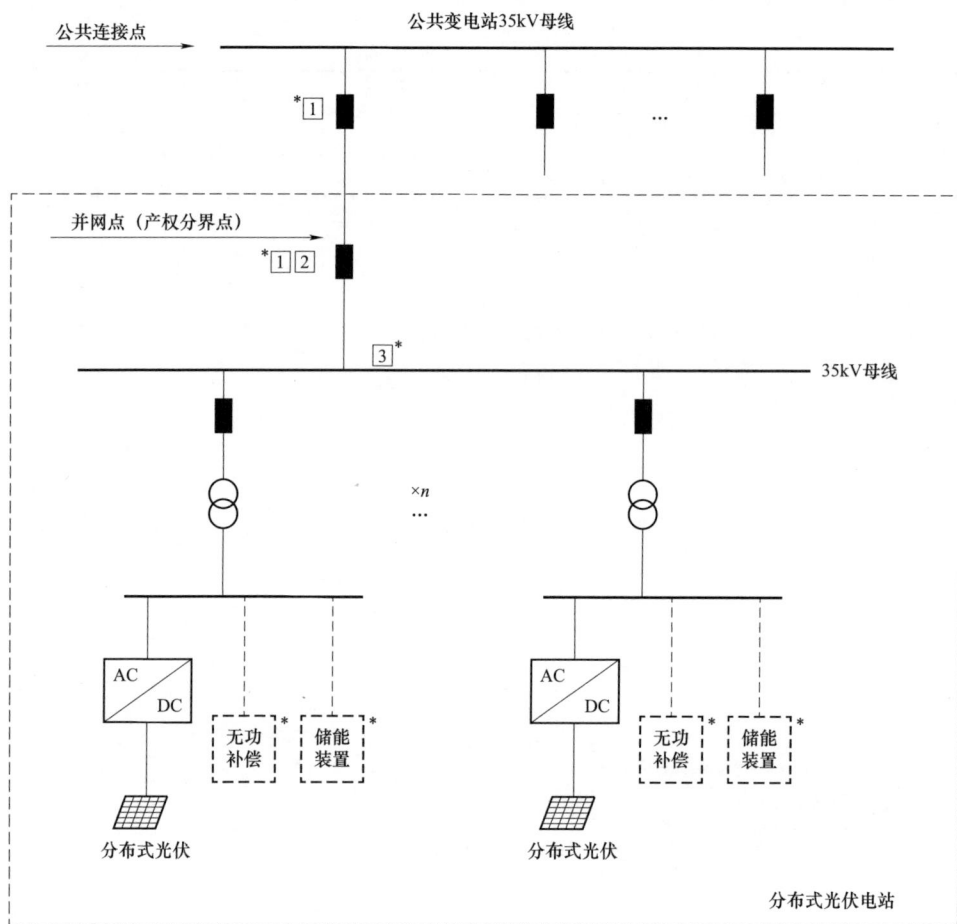

主 要 设 备 材 料 表

序号	厂站	设备名称	规格型号	单位	数量	备注
1	光伏电站	光纤电流差动保护		套	1	
2		安全自动装置		套	1	
3		母线保护*		套	1	
4	公共变电站	光纤电流差动保护		套	1	

注：1. 标*设备根据工程实际需求进行配置。

2. 本图适用于接入公共变电站 35kV 母线。

图例

1 35kV线路光纤电流差动保护

2 安全自动装置

3 35kV母线保护

图 4.6－5　系统继电保护及安全自动化装置配置（一）（方案二）（T－1－05）

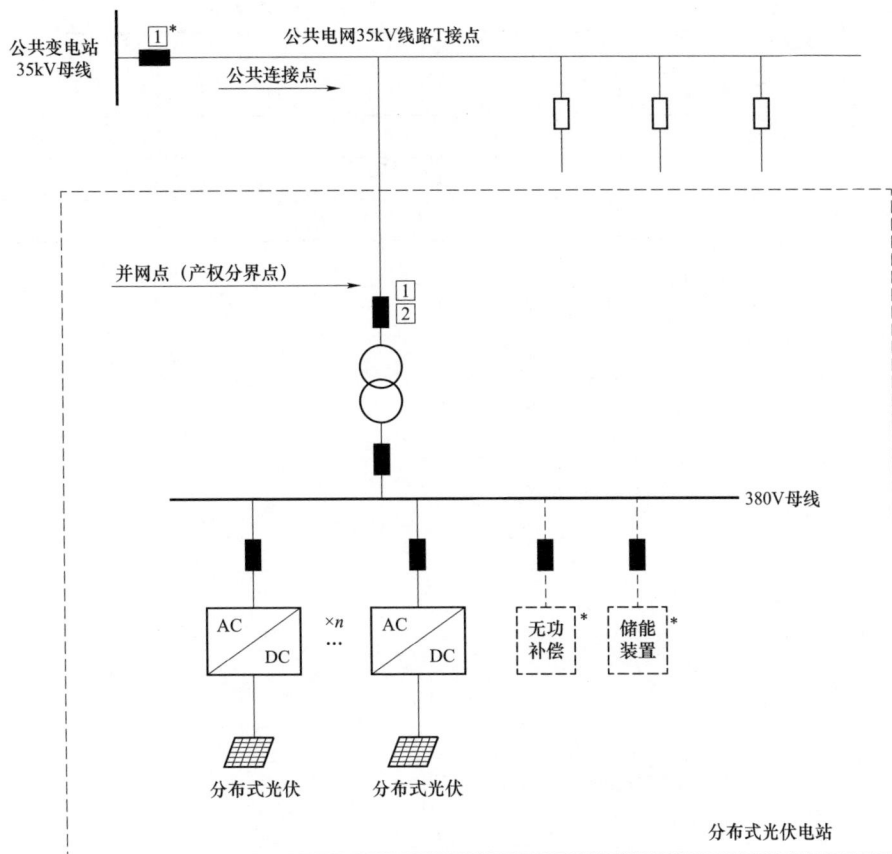

主 要 设 备 材 料 表

序号	厂站	设备名称	规格型号	单位	数量	备注
1	光伏电站	安全自动装置		套	1	
2	系统侧变电站	过电流（或距离保护）*		套	1	

注：1. 标*设备根据工程实际需求进行配置。

2. 本图适用于接入公共电网 35kV 线路。

公共变电站 35kV母线 · **1*** · **公共电网35kV线路T接点**

公共连接点

并网点（产权分界点） · **1 2**

380V母线

AC / DC · **×n** · ··· · **AC / DC** · **无功补偿*** · **储能装置***

分布式光伏 · **分布式光伏** · **分布式光伏电站**

图例

| 1 | 35kV线路过电流（或距离）保护 |
| 2 | 安全自动装置 |

图 4.6－6　系统继电保护及安全自动化装置配置（二）（方案一）（T－1－06）

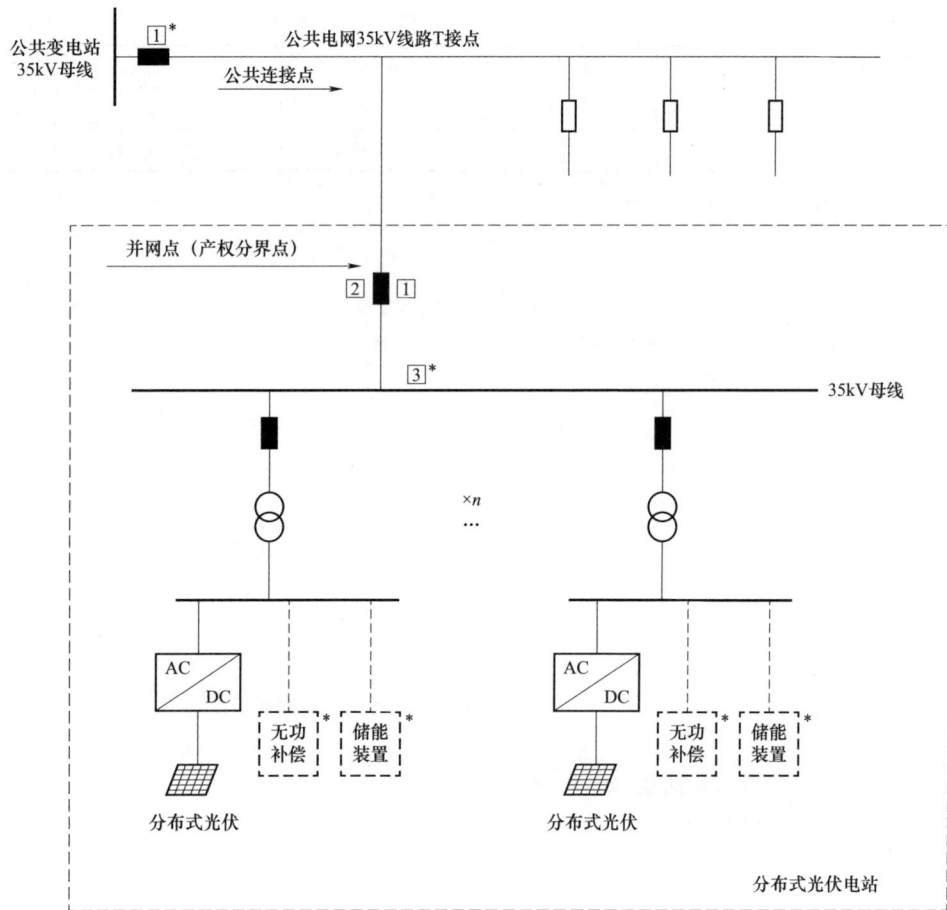

主要设备材料表

序号	厂站	设备名称	规格型号	单位	数量	备注
1	光伏电站	安全自动装置		套	1	
2		过电流（或距离保护）		套	1	
3		母线保护*		套	1	
4	变电站	过电流（或距离保护）*		套	1	

注：1. 标*设备根据工程实际需求进行配置。
　　2. 本图适用于接入公共电网35kV线路。

图例

1	35kV线路过电流（或距离）保护
2	安全自动装置
3	35kV母线保护

图 4.6-7　系统继电保护及安全自动化装置配置（二）（方案二）（T-1-07）

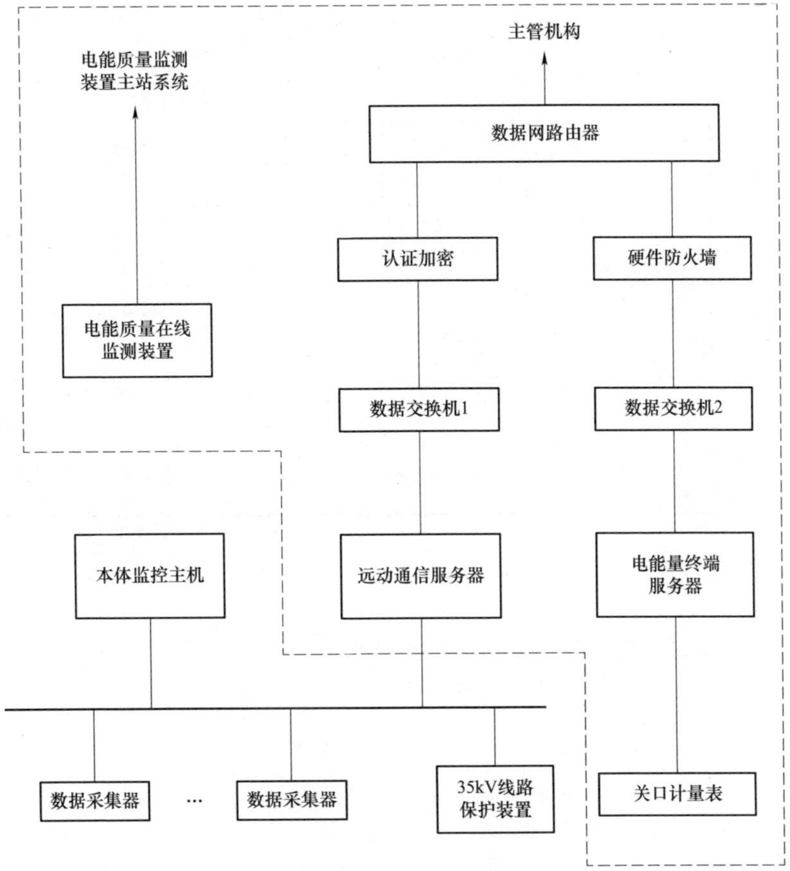

主 要 设 备 材 料 表

序号	厂站	设备名称	规格型号	单位	数量	备注
1	光伏电站	远动通信服务器		套	1	与本体计算机监控系统合一建设
2		关口电能表柜	含主、副表各一块	面	1	
3		电能量终端服务器		套		
4		电能质量在线监测装置		套	1	
5		MIS 网三层交换机		台	1	
6		电力调度数据网接入设备柜	含 1 台路由器,2 台交换机	面	1	
7		二次安全防护设备	含纵向加密装置 1 套,硬件防火墙 1 套	套	1	与调度数据网络设备共同组柜
8	公共变电站	35kV 线路测控装置		套	1	保护测控合一装置

注:1. 虚线框内为光伏电站系统远动设备。

2. 本图适用于接入公共变电站 35kV 母线、公共电网 35kV 线路。

3. 本图适用于光伏电站本体远动系统与监控系统合一建设。

图 4.6−8　光伏电站调度自动化系统配置(一)(T−1−08)

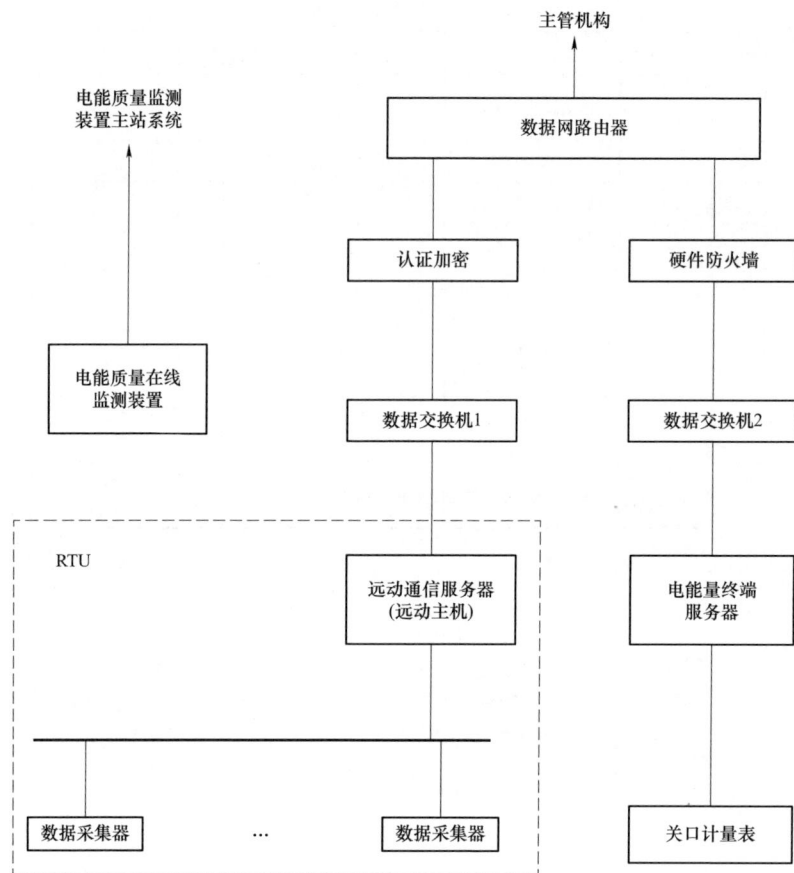

主要设备材料表

序号	厂站	设备名称	规格型号	单位	数量	备注
1	光伏电站	RTU		套	1	
2		关口电能表柜	含主、副表各一块	面	1	
3		电能量终端服务器		套		
4		电能质量在线监测装置		套	1	
5		MIS网三层交换机		台	1	
6		电力调度数据网接入设备柜	含1台路由器，2台交换机	面	1	
7		二次安全防护设备	含纵向加密装置1套，硬件防火墙1套	套	1	与调度数据网络设备共同组柜
8	公共变电站	35kV 线路测控装置		套	1	保护测控合一装置

主管机构

电能质量监测装置主站系统

数据网路由器

认证加密

硬件防火墙

电能质量在线监测装置

数据交换机1

数据交换机2

RTU

远动通信服务器（远动主机）

电能量终端服务器

数据采集器 … 数据采集器

关口计量表

注：1. 本图适用于接入公共变电站35kV母线、公共电网35kV线路。

2. 本图适用于光伏电站单独配置RTU。

图 4.6-9 光伏电站调度自动化系统配置（二）（T-1-09）

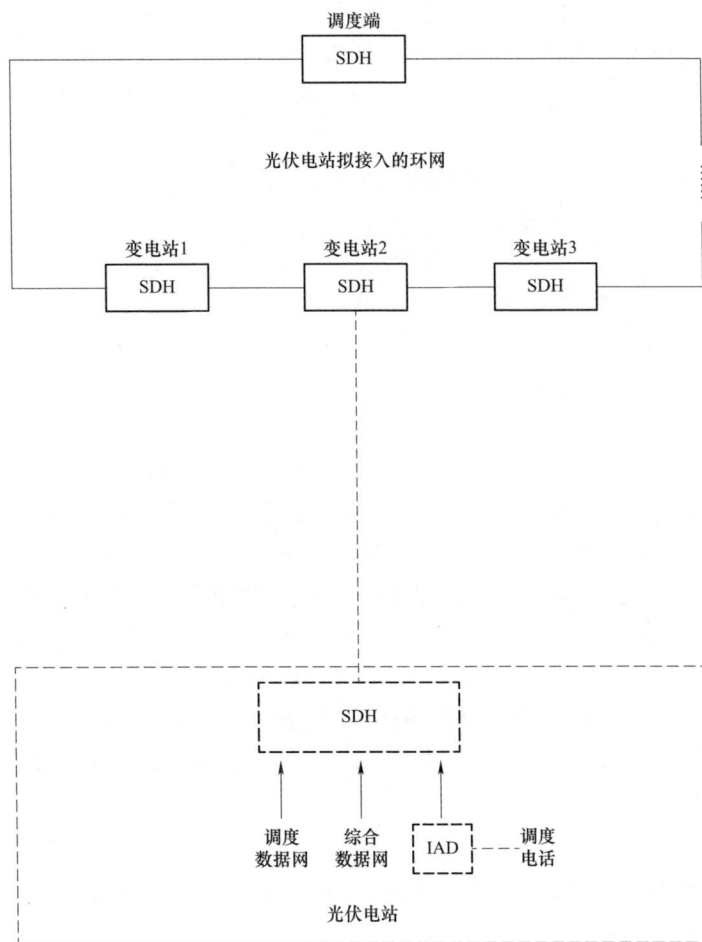

主 要 设 备 材 料 表

序号	厂站	设备名称	规格型号	单位	数量	备注
1	光伏电站	导引光缆	24 芯，GYFTZY	km	按需	
2		光端机	SDH 155M	台	1	
3		IAD 设备		台	2	
4		通信电源柜	−48V	组	2	
5		综合配线架柜	光、数、音、网	面	1	
6	系统接入变电站	光缆	24 芯	km	按需	
7		导引光缆	24 芯，GYFTZY	km	按需	
8		光纤配线架	24	套	1	
9		光接口板（含模块）	155M	块	2	

注：1. 虚线表示新增设备或连接。

2. 本图适用于接入公共变电站 35kV 母线、公共电网 35kV 线路。

图 4.6－10　光伏电站接入系统通信图（SDH）（T－1－10）

4.7 接入用户 35kV 母线典型设计（GF35-Z-1）

4.7.1 方案概述

该方案为光伏接入系统典型设计方案，方案号为 GF35-Z-1。

本方案采用 1 回或多回线路接入用户 35kV 母线，单点接入容量在 6～20MW。

a）适用范围。适用于 35kV 余电上网（接入用户电网）的分布式光伏项目。

b）参考容量。单个并网点装机容量 6～20MW。

c）方案描述。分布式光伏电站经 1 回或多回线路接入用户 35kV 母线。

4.7.2 接入系统一次

光伏电站接入系统方案需结合电网规划、分布式光伏项目规划，按照就近分散接入，就地平衡消纳的原则进行设计。

4.7.2.1 送出方案

本方案通过 1 回或多回线路接入用户 35kV 母线，主要适用于余电上网（接入用户电网）的光伏电站，公共连接点可为用户 35kV 母线，单个并网点参考装机容量 6～20MW。一次系统接线示意图见图 4.7-1。

4.7.2.2 电气计算

（1）潮流分析。本方案设计中应对设计水平年有代表性的正常最大、最小负荷运行方式，检修运行方式，以及事故运行方式进行分析，必要时进行潮流计算。

（2）短路电流计算。计算设计水平年系统最大运行方式下，电网公共连接点和光伏电站并网点在光伏电站接入前后的短路电流，为电网相关厂站及光伏电站的开关设备选择提供依据。如短路电流超标，应提出相应控制措施。当无法确定光伏逆变器具体短路特征参数情况下，考虑一定裕度，光伏发电提供的短路电流按照 1.5 倍额定电流计算。

（3）电能质量分析。

1）光伏发电系统向当地交流负荷提供电能和向电网送出电能的质量，在谐波、电压偏差、电压不平衡、电压波动等方面，满足现行国家标准 GB/T 14549《电能质量　公共电网谐波》、GB/T 12325《电能质量　供电电压偏差》、GB/T 15543《电能质量　三相电压不平衡》、GB/T 12326《电能质量　电压波动和闪变》的有关规定；

2）光伏发电系统向公共连接点注入的直流电流分量不应超过其交流额定值的 0.5%。

（4）无功平衡计算。

1）本方案光伏发电系统的无功功率和电压调节能力应满足相关标准的要求，选择合理的无功补偿措施；

2）光伏发电系统无功补偿容量的计算，应充分考虑逆变器功率因数、汇集线路、变压器和送出线路的无功损失等因素；

3）通过 35kV 电压等级并网的光伏发电系统功率因数应在 0.98 以上；

4）光伏电站配置的无功补偿装置类型、容量及安装位置应结合光伏发电系统实际接入情况确定，宜安装动态无功补偿装置。

4.7.3 主要设备选择原则

（1）主接线。35kV 采用线变组或单母线接线。

（2）升压站主变压器。光伏电站内升压变压器容量一般按照光伏装置容量的 1～1.1 倍选取，电压等级为 35/0.4kV。当分布式光伏接入不能满足调压或电压质量要求时，可采用有载调压变压器。若变压器同时为负荷供电，可根据实际情况选择容量。

（3）送出线路导线截面。光伏电站送出线路导线截面选择应遵循以下原则：

1）光伏电站送出线路导线截面选择需根据所需送出的容量、并网电压等级选取，并考虑分布式电源发电效率等因素；

2）光伏电站送出线路导线截面一般按持续极限输送容量选择。

（4）开断设备。光伏电站并网点应安装易操作、可闭锁、具有明显开断点、带接地功能、可开断故障电流、具备失压跳闸及低压合闸功能的断路器。

根据短路电流水平选择设备开断能力，并需留有一定裕度，一般宜采用 25kA 或 31.5kA，断路器宜具有"三遥"功能并满足相应通信规约要求。

4.7.4 电气主接线

电气主接线方案见图 4.7-2。

4.7.5 系统对光伏电站的技术要求

4.7.5.1 电能质量

由于光伏发电系统出力具有波动性和间歇性，另外光伏发电系统通过逆变器将太阳能电池方阵输出的直流转换交流供负荷使用，含有大量的电力电子设备，接入配电网会对当地电网的电能质量产生一定的影响，包括谐波、电压偏差、电压波动、电压不平衡度和直流分量等方面。为了能够向负荷提供可靠的电力，由光伏发电系统引起的各项电能质量指标应该符合相关标准的规定。

（1）谐波。光伏电站接入电网后，公共连接点的谐波电压应满足 GB/T 14549《电能质量　公共电网谐波》的规定。公用电网谐波电压限值见表 4.7-1。

表 4.7-1　　　　　　　　　　公用电网谐波电压限值

电网标称电压（kV）	电压总谐波畸变率（%）	各次谐波电压含有率（%）	
		奇次	偶次
35	3	2.4	1.2

光伏电站接入电网后，公共连接点处的总谐波电流分量（方均根）应满足 GB/T 14549《电能质量　公共电网谐波》的规定。应不超过表 4.7-2 规定的允许值。其中光伏电站向电网注入的谐波电流允许值按此光伏电站安装容量与其公共连接点的供电设备容量之比进行分配。

表 4.7-2　　　　　　　　　　注入公共连接点的谐波电流允许值

标准电压（kV）	基准短路容量（MVA）	谐波次数及谐波电流允许值（A）							
		2	3	4	5	6	7	8	9
35	250	15	12	7.7	12	5.1	8.8	3.8	4.1

（2）电压偏差。光伏电站接入电网后，公共连接点的电压偏差应满足 GB/T 12325《电能质量供电电压偏差》的规定，35kV 三相供电电压正、负偏差绝对值之和不超过标称电压的 10%。

（3）电压波动。光伏电站接入电网后，公共连接点的电压波动应满足 GB/T 12326《电能质量　电压波动和闪变》的规定。对于光伏电站出力变化引起的电压变动，其频度可以按照 $1<r\leq10$（每小时变动的次数在 10 次以内）考虑，因此光伏电站接入引起的公共连接点电压变动最大不得超过 3%。

（4）电压不平衡度。光伏电站接入电网后，公共连接点的三相电压不平衡度应不超过 GB/T 15543《电能质量　三相电压不平衡》规定的限值，公共连接点的负序电压不平衡度应不超过 2%，短时不得超过 4%；其中由光伏电站引起的负序电压不平衡度应不超过 1.3%，短时不超过 2.6%。

（5）直流分量。光伏电站向公共连接点注入的直流电流分量不应超过其交流额定值的 0.5%。

4.7.5.2　电压异常时的响应特性

本方案光伏电站应按照附录 B 要求的时间停止向电网线路送电，此要求适用于三相系统中的任何一相。

4.7.5.3　频率异常时的响应特性

本方案应具备一定的耐受系统频率异常的能力，应能够在附录 3 所示电网频率偏离下运行。

4.7.6　接入系统二次

接入系统二次部分根据系统一次接入方案，结合有关现状进行设计，包括系统继电保护及安全自动装置、系统调度自动化、系统通信。

4.7.6.1　系统继电保护及安全自动装置

配置及选型如下：

（1）35kV 线路保护。

1）配置原则。光伏电站线路发生短路故障时，线路保护能快速动作，瞬时跳开相应断路器，满足全线故障时快速可靠切除故障的要求。

专线接入用户 35kV 母线时，可在 35kV 线路用户侧配置 1 套线路过电流保护或距离保护，光伏电站侧可不配置线路保护，靠用户侧切除线路故障。

当上述两种保护无法整定或配合困难以及对供电可靠性要求较高时，宜配置纵联电流差动保护。

2）技术要求。

a. 线路保护应适用于系统一次特性和电气主接线的要求。

b. 线路两侧纵联保护配置与选型应相互对应，保护的软件版本应完全一致。

c. 被保护线路在空载、轻载、满载等各种工况下，发生金属性和非金属性的各种故障时，线路保护应能正确动作。系统无故障、外部故障、故障转换以及系统操作等情况下保护不应误动。

d. 在本线发生振荡时保护不应误动，振荡过程中再故障时，应保证可靠切除故障。

e. 主保护整组动作时间不大于 20ms（不包括通道传输时间），返回时间不大于 30ms（从故障切除到保护出口接点返回）。

f. 手动合闸或重合于故障线路上时，保护应能可靠瞬时三相跳闸。手动合闸或重合于无故障线路时应可靠不动作。

g. 保护装置应具有良好的滤波功能，具有抗干扰和抗谐波的能力。在系统投切变压器、静止补偿装置、电容器等设备时，保护不应误动作。

（2）母线保护。

1）配置原则。若光伏电站侧为线变组接线经升压变压器后直接输出，不配置母线保护。

对于设置 35kV 母线的光伏电站，35kV 母线保护配置应与 35kV 线路保护统筹考虑。当系统侧配置线路过电流或距离保护时，光伏电站侧可不配置母线保护，仅由线路保护切除故障；当线路两侧配置线路纵联电流差动保护时，光伏电站侧宜相应配置保护装置，快速切除母线故障；如后备保护不能满足要求，也可配置专用母线保护，快速切除母线故障。

2）技术要求。

a. 母线保护接线应能满足终期规模电气一次接线的要求。

b. 母线保护应具有比率制动特性，以提高安全性。

母线保护不应受电流互感器暂态饱和的影响而发生不正确动作，并应允许使用不同变比的电流互感器，母线差动保护各支路电流互感器变比差不宜大于 4 倍。

c. 母线保护不应因母线故障时流出母线的短路电流影响而拒动。

（3）防孤岛检测及安全自动装置。在并网点设置安全自动装置等设备，具备防孤岛保护功能及频率电压异常紧急控制功能。

光伏电站逆变器必须具备快速监测孤岛且监测到孤岛后立即断开与电网连接的能力，其防孤岛方案应与继电保护配置、安全自动装置配置和低电压穿越等相配合，时间上互相匹配。

（4）用户侧变电站。

1）继电保护。需要校验用户侧变电站的相关保护是否满足光伏电站接入要求。若能满足接入的要求，予以说明即可；若不能满足光伏电站接入方案的要求，则用户侧变电站需要做相关保护配置方案。

2）其他要求。需核实用户侧备自投方案，要求根据防孤岛检测方案，提出调整方案。

光伏电站线路接入后，备自投动作时间须躲过光伏电站防孤岛动作时间。

（5）系统侧变电站。

1）线路保护。需要校验系统侧变电站的相关的线路保护是否满足光伏电站接入要求。若能满足接入的要求，予以说明即可。若不能满足接入方案的要求，则系统侧变电站需要做相关的线路保护配置方案。

2）母线保护。需要校验系统侧变电站的母线保护是否满足接入方案的要求。若能满足接入的要求，予以说明即可；若不能满足要求时，则变电站或开关站侧需要配置保护装置，快速切除母线故障。

3）其他要求。需核实系统侧变电站备自投方案、相关线路的重合闸方案，

要求根据防孤岛检测方案，提出调整方案。

光伏电站线路接入变电站后，备自投动作时间须躲过光伏电站防孤岛检测动作时间。

35kV 公共电网线路投入自动重合闸时，应校核重合闸时间。

（6）对其他专业的要求。

1）对电气一次专业。系统继电保护应使用专用的电流互感器和电压互感器的二次绕组，电流互感器准确级宜采用 5P、10P 级，电压互感器准确级宜采用 0.5、3P 级，线路各侧或主设备差动保护各侧的电流互感器的相关特性宜一致，避免在遇到较大短路电流时因各侧电流互感器的暂态特性不一致导致保护不正确动作。

2）对通信专业的要求。系统继电保护及安全自动装置要求提供足够的可靠的信号传输通道。

3）光伏电站内宜具备直流电源和 UPS 电源，供新配置的保护装置、测控装置等设备使用。

（7）其他要求。电源进线应设置断路器，所接入开关站、配电室或箱式变压器需同时具备电源和二次设备安装条件，若不具备，需要进行相应改造。

4.7.6.2 系统调度自动化

（1）调度关系及调度管理方式。调度管理关系根据相关电力系统调度管理规定、调度管理范围划分原则确定。远动信息的传输原则根据调度运行管理关系确定。

（2）配置及要求。

1）光伏电站远动系统。光伏电站本体远动系统功能宜由本体监控系统集成，本体监控系统具备信息远传功能；本体不具备条件时，应独立配置远方终端，采集相关信息。

方案一：光伏电站本体配置监控系统，具备远动功能，有关光伏电站本体的信息的采集、处理采用监控系统来完成，该监控系统配置单套用于信息远传的远动通信服务器。

光伏电站监控系统实时采集并网运行信息，主要包括并网点开关状态、并网点电压和电流、光伏发电系统有功功率和无功功率、光伏发电量等，并上传至相关电网调度部门；配置远程遥控装置的分布式光伏，应能接收、执行调度端远方控制解并列、启停和发电功率的指令。

方案二：单独配置技术先进、易于灵活配置的 RTU（单套远动主机配

置），需具备遥测、遥信、遥控、遥调及网络通信等功能，实时采集并网运行信息，主要包括并网点开关状态、并网点电压和电流、光伏发电系统有功功率和无功功率、光伏发电量等，并上传至相关电网调度部门；配置远程遥控装置的分布式光伏，应能接收、执行调度端远方控制解并列、启停和发电功率的指令。

2）有功功率控制及无功电压控制。光伏电站远动通信服务器需具备与控制系统的接口，接受调度部门的指令，具体调节方案由调度部门根据运行方式确定。

光伏电站有功功率控制系统应能够接收并执行电网调度部门发送的有功功率及有功功率变化的控制指令，确保光伏电站有功功率及有功功率变化按照电力调度部门的要求运行。

光伏电站无功电压控制系统应能根据电力调度部门指令，调节其发出（或吸收）的无功功率，控制并网点电压在正常运行范围内，其调节速度和控制精度应能满足电力系统电压调节的要求。

3）电能量计量。

a. 安装位置与要求。本方案除单套设置并网电能表外，还应在产权分界点设置关口计量电能表（最终按用户与业主计量协议为准），安装同型号、同规格、准确度相同的主、副电能表各一套。主、副表应有明确标志。

b. 技术要求。电能计量装置的配置和技术要求应符合 DL/T 448 和 DL/T 614 的要求。电能表采用静止式多功能电能表，至少应具备双向有功和四象限无功计量功能、事件记录功能，配有标准通信接口，具备本地通信和通过电能信息采集终端远程通信的功能，电能表通信协议符合 DL/T 645。

35kV 关口计量电能表和并网电能表准确度等级应为有功 0.2S 级，无功 2.0 级，并且要求有关电流互感器、电压互感器的准确度等级需分别达到 0.2S 级、0.2 级。

c. 计量信息统计与传输。配置计量终端服务器 1 台，计费表采集信息通过计量终端服务器接入计费主站系统（电费计量信息），电价补偿计量信息也可由计费主站系统统一收集后，转发光伏发电管理部门。

4）电能质量监测装置。需要在并网点装设满足 GB/T 19862《电能质量监测设备通用要求》标准要求的 A 类电能质量在线监测装置一套。监测电能质量参数，包括电压、频率、谐波、功率因数等。

电能质量在线监测数据需上传至相关主管机构。

5）系统变电站。本方案光伏电站接入系统变电站后，变电站调度管理关系不变。需相应配置测控装置，采集光伏电站线路的相关信息，并接入本变电站现有监控系统。

6）远动信息内容。远动信息内容见 3.4.3.2。

7）远动信息传输。光伏电站的远动信息传送到调度主管机构，应采用专网方式，宜单路配置专网远动通道，优先采用电力调度数据网络。一般可采取基于 DL/T 634.5101 和 DL/T 634.5104 通信协议。

当采用电力调度数据网络时，需在光伏电站配置调度数据专网接入设备 1 套，组柜安装于光伏电站二次设备室。

8）二次安全防护。为保证光伏电站内计算机监控系统的安全稳定可靠运行，防止站内计算机监控系统因网络黑客攻击而引起电网故障，二次安全防护实施方案配置如下：

a. 按照"安全分区、网络专用、横向隔离、纵向认证"的基本原则，配置站内二次系统安全防护设备。

b. 纵向安全防护：控制区的各应用系统接入电力调度数据网前应加装 IP 认证加密装置，非控制区的各应用系统接入电力调度数据网前应加装防火墙。

c. 横向安全防护：控制区和非控制区的各应用系统之间宜采用 MPLS VPN 技术体制，划分为控制区 VPN 和非控制区 VPN。

若采用电力数据网接入方式，需相应配置 1 套纵向 IP 认证加密装置和 1 套硬件防火墙。

若采用无线专网方式，需配置加密装置。

若站内监控系统与其他系统存在信息交换，应按照上述二次安全防护要求采取安全防护措施。

4.7.6.3 系统通信

（1）系统概述。着重介绍光伏电站一次接入系统方案中的接入线路起讫点、新建线路与相关原有线路的关系、相关线路长度等与通信方案密切相关的情况。

（2）信息需求。明确调度关系，根据调度组织关系、运行管理模式和电力系统接线，提出线路保护、安全自动装置、调度自动化等相关信息系统对通道的要求，以及光伏电站至调度、集控中心、运行维护等单位的各类信息通道要求。

（3）通信现状。简述与光伏电站相关的电力系统通信现状，包括传输型式、电路制式、电路容量、组网路由、设备配置、相关光缆情况等。

（4）通信方案。根据国家电网公司技术规定，为满足光伏电站的信息传输需求，结合接入条件，因地制宜地确定光伏电站的通信方案。

1）光纤通信。

a. 光缆建设方案。根据光伏电站新建 35kV 送出线路的不同型式，光缆可以采用 ADSS 光缆、OPGW 光缆，光缆芯数 24 芯，光缆纤芯均采用 ITU－T G.652 光纤。利用光伏电站新建 35kV 送出线路路径新建光缆到用户站，通过用户站 35kV 侧跳纤到变电站；也可采用其他路径直接新建光缆到变电站。进入光伏电站的引入光缆，宜选择非金属阻燃光缆。

b. 通信电路建设方案。本方案为全额上网，接入站点为用户站，可考虑将光伏站信息并入用户已有变电站合并上送，光伏电站站控层交换机需配置光口，通过交换机将光伏电站信息接入用户站站控层交换机，通过用户站 SDH 设备接入系统站，核实用户站至系统站通信是否满足（1＋1）光通信电路的需求，如不满足，应提出改造方案。

采用该方案时，如光伏电站与用户站监控系统厂家不一致，需考虑规约转换的问题。

2）无线方式。光伏电站接入可采用无线公网通信方式，但应采取信息安全防护措施。当有控制要求时，不应采用无线公网通信方式。

无线公网的通信方式应满足 Q/GDW 625《配电自动化建设与改造标准化设计技术规定》和 Q/GDW 380.2《电力用户用电信息采集系统管理规范　第二部分　通信信道建设管理规范》的相关规定，采取可靠的安全隔离和认证措施，支持用户优先级管理。

（5）站内通信。根据调度管理部门需要设置调度电话和行政电话，并配置 IAD 设备实现与调度端通信。

（6）业务组织。根据光伏电站信息传输需求和通信方案，对光伏电站各业务信息通道组织。

（7）通信设备供电。光伏电站可独立配置通信电源，或通过站内直流系统配置 DC/DC 模块变换为－48V 为通信设备供电。

4.7.7　GF35－Z－1 方案设计图清单（见表 4.7－3）

表 4.7－3　　　　　　　　　GF35－Z－1 方案设计图清单

图序	图名	图纸编号
图 4.7－1	一次系统接线示意图	Z－1－01
图 4.7－2	电气主接线图（一）	Z－1－02
图 4.7－3	电气主接线图（二）	Z－1－03
图 4.7－4	系统继电保护及安全自动化装置配置（方案一）	Z－1－04
图 4.7－5	系统继电保护及安全自动化装置配置（方案二）	Z－1－05
图 4.7－6	光伏电站调度自动化系统配置（一）	Z－1－06
图 4.7－7	光伏电站调度自动化系统配置（二）	Z－1－07
图 4.7－8	光伏电站接入系统通信图（以太网）	Z－1－08
图 4.7－9	光伏电站接入系统通信图（SDH）	Z－1－09

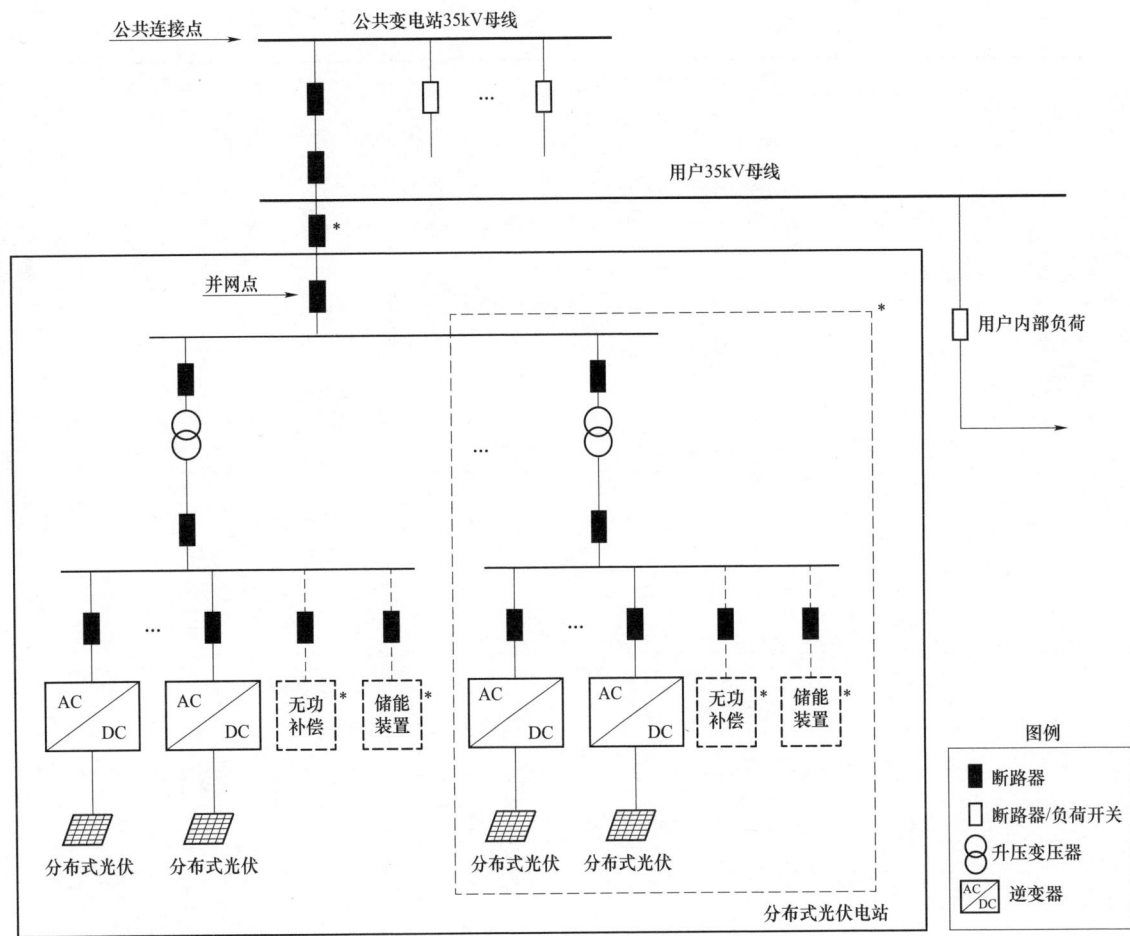

图例

■ 断路器
□ 断路器/负荷开关
○○ 升压变压器
AC/DC 逆变器

注：1. 标*设备根据工程实际需求进行配置。

2. 无功和储能的配置点根据实际情况确定。

图 4.7-1 一次系统接线示意图（Z-1-01）

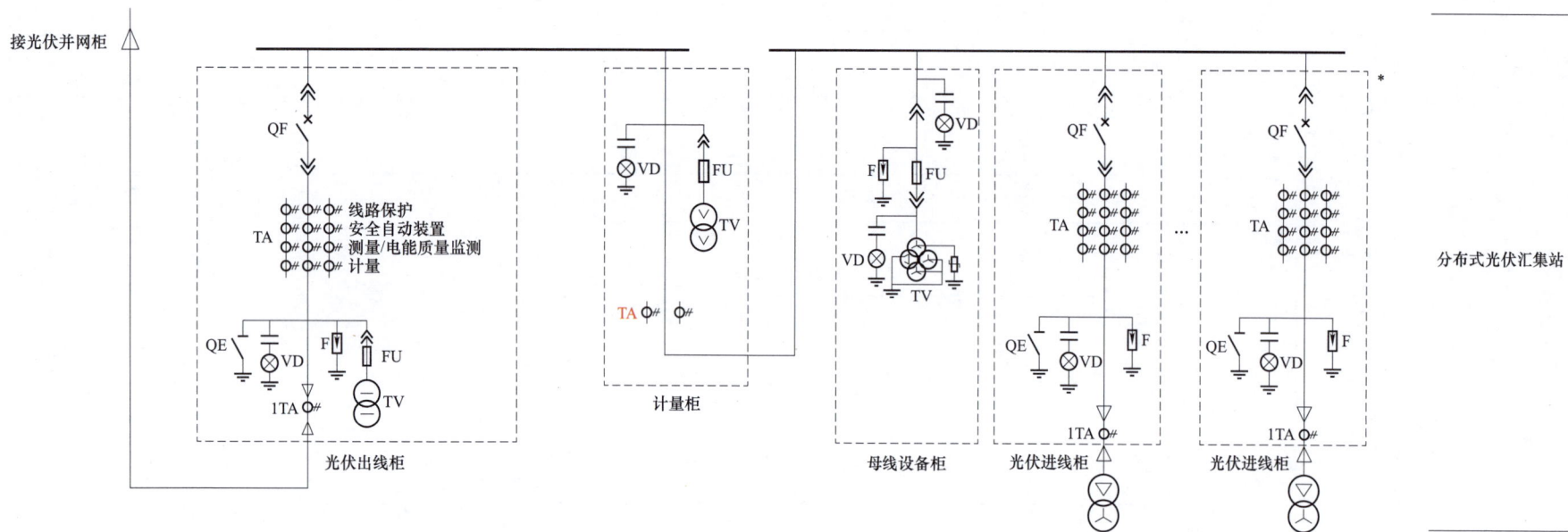

接光伏并网柜

线路保护
安全自动装置
测量/电能质量监测
计量

QF
TA
QE
VD
F
FU
1TA
TV

光伏出线柜

VD
FU
TV
TA

计量柜

VD
F
FU
VD
TV

母线设备柜

QF
TA
QE
VD
F
1TA

光伏进线柜

...

QF
TA
QE
VD
F
1TA

光伏进线柜

分布式光伏汇集站

*

图例

QF	断路器	F	避雷器
QE	接地开关	FU	熔断器
TA	电流互感器	TV	电压互感器
1TA	零序电流互感器	VD	带电显示器

注：标*设备根据工程实际需求进行配置。

图 4.7-2　电气主接线图（一）（Z-1-02）

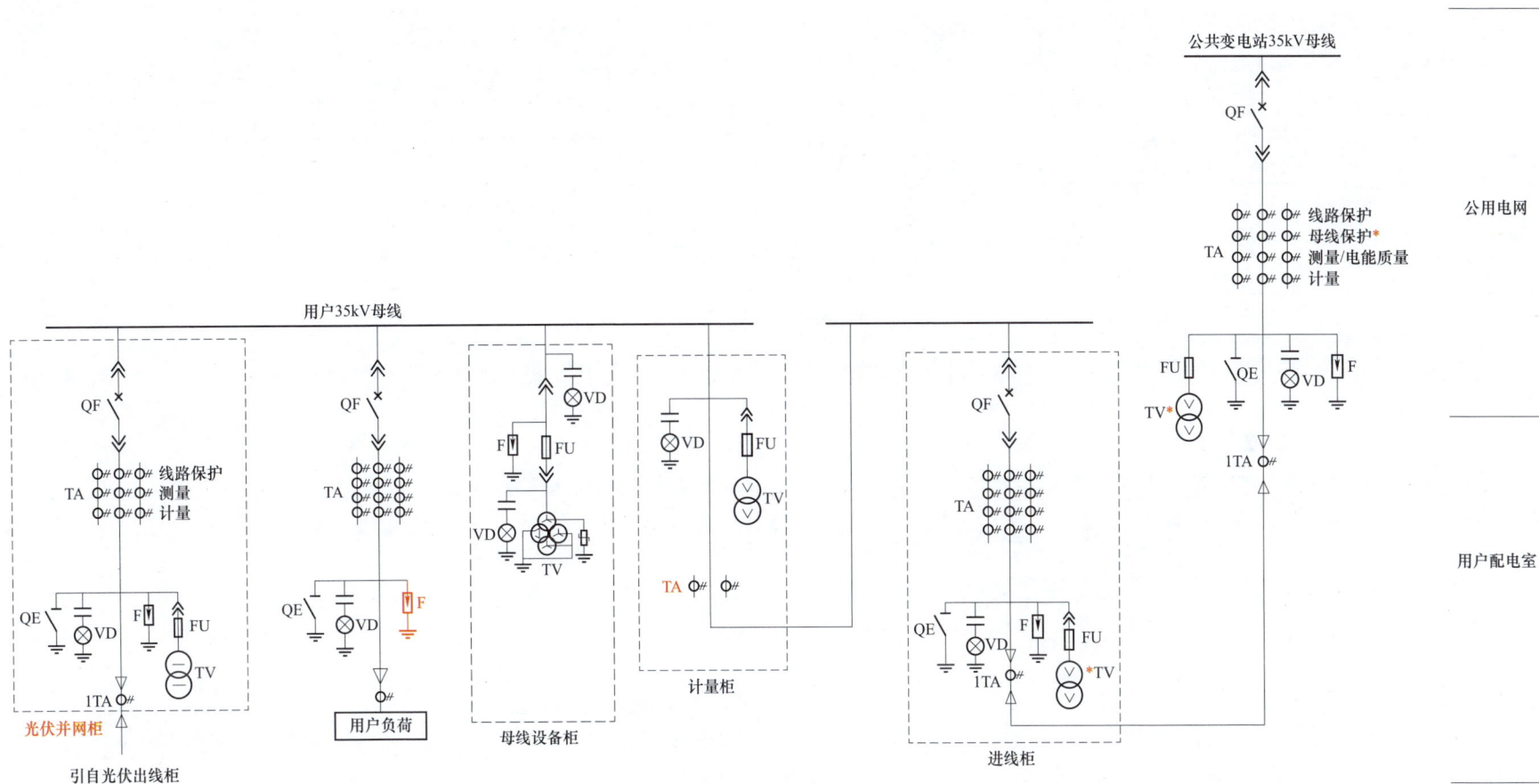

图 4.7-3　电气主接线图（二）（Z-1-03）

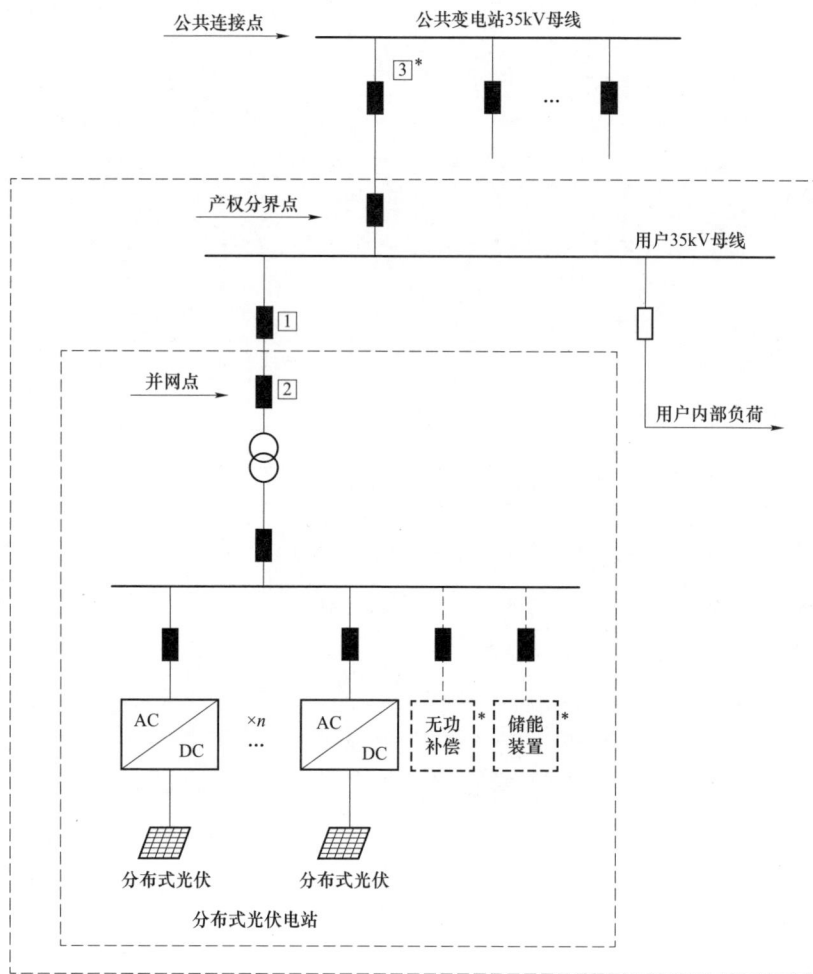

主要设备材料表

序号	厂站	设备名称	规格型号	单位	数量	备注
1	光伏电站	安全自动装置		套	1	
2	变电站	过电流（或距离保护）		套	1	
3		母线保护*		套	1	

图例

1 35kV线路过电流（或距离保护）

2 安全自动装置

3 35kV母线保护

注：标*设备根据工程实际需求进行配置。

图 4.7-4　系统继电保护及安全自动化装置配置（方案一）（Z-1-04）

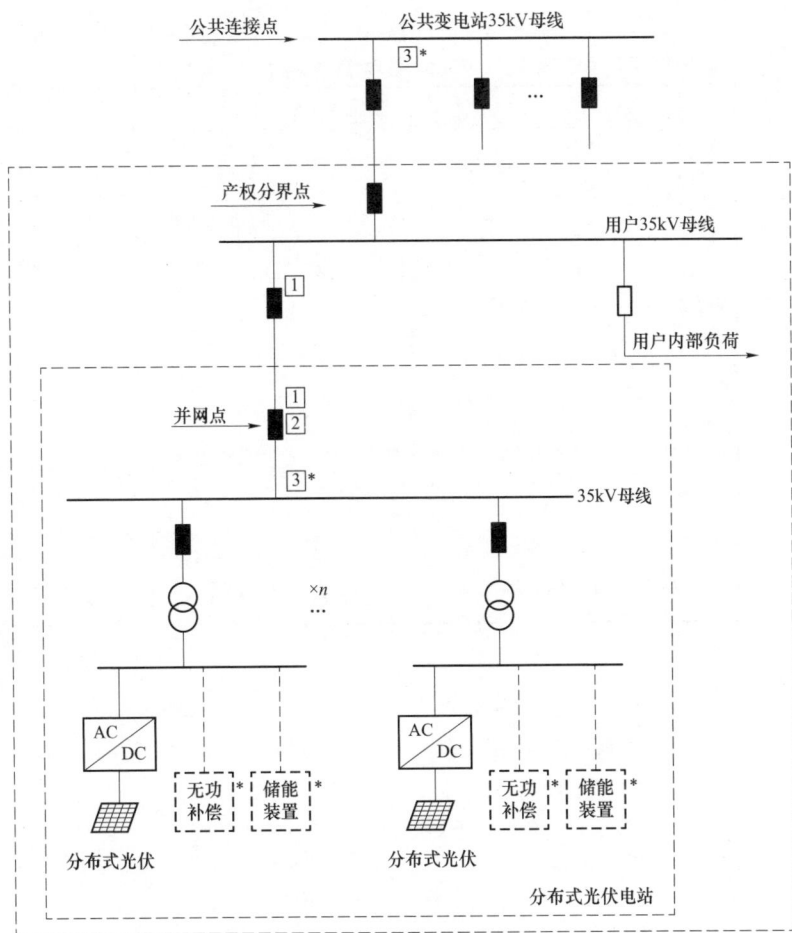

公共连接点 →　公共变电站35kV母线

产权分界点 →　用户35kV母线

用户内部负荷

并网点 →　35kV母线

×n

AC/DC

无功补偿*　储能装置*

AC/DC

无功补偿*　储能装置*

分布式光伏　　分布式光伏

分布式光伏电站

主 要 设 备 材 料 表

序号	厂站	设备名称	规格型号	单位	数量	备注
1	光伏电站	过电流（或距离保护）		套	1	
2		安全自动装置		套	1	
3		母线保护*		套	1	
4	变电站	过电流（或距离保护）		套	1	
5		母线保护*		套	1	

图例

1　35kV线路过电流（或距离保护）
2　安全自动装置
3　35kV母线保护

注：标*设备根据工程实际需求进行配置。

图 4.7-5　系统继电保护及安全自动化装置配置（方案二）（Z-1-05）

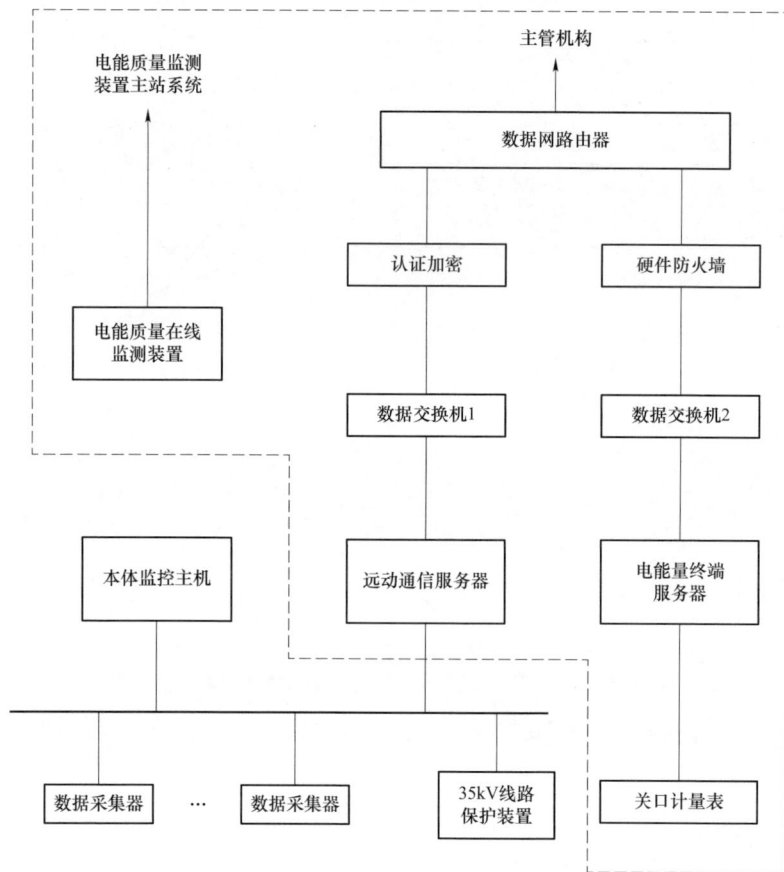

主 要 设 备 材 料 表

序号	厂站	设备名称	规格型号	单位	数量	备注
1	光伏电站	远动通信服务器		套	1	与本体计算机监控系统合一建设
2		并网电能表		只	1	
3		电能量终端服务器		套	1	
4		电能质量在线监测装置		套	1	
5		MIS 网三层交换机		台	1	
6		电力调度数据网接入设备柜	含 1 台路由器，2 台交换机	面	1	
7		二次安全防护设备	含纵向加密装置 1 套，硬件防火墙 1 套	套	1	与调度数据网络设备共同组柜
8	用户站	关口电能表	含主、副表各一块	只	2	
9		35kV 线路测控装置		套	1	保护测控合一装置

注：1. 虚线框内为光伏电站系统远动设备。

　　2. 本图适用于光伏电站本体远动系统与监控系统合一建设。

图 4.7－6　光伏电站调度自动化系统配置（一）（Z－1－06）

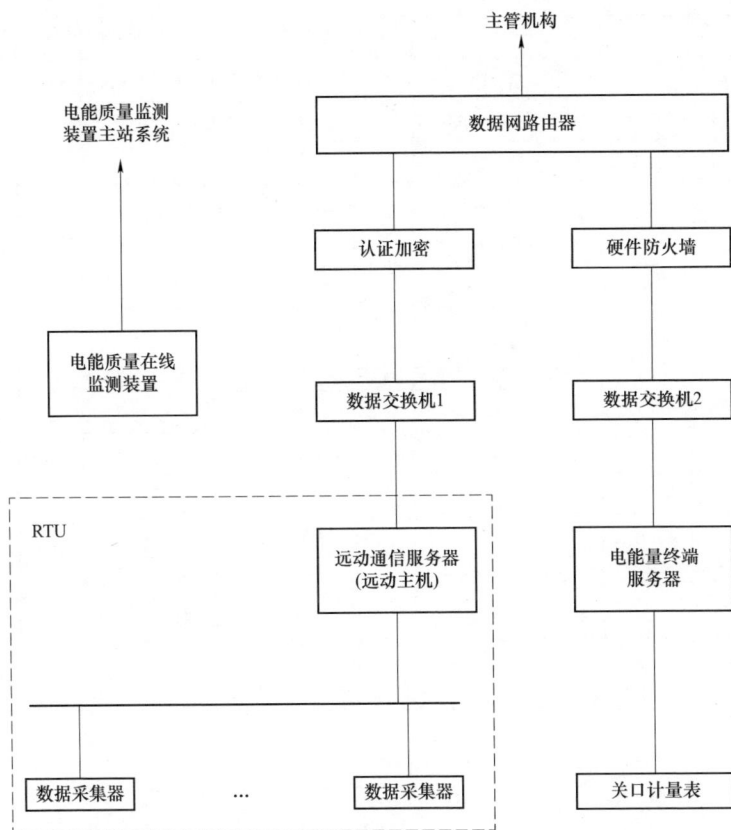

主 要 设 备 材 料 表

序号	厂站	设备名称	规格型号	单位	数量	备注
1	光伏电站	RTU		套	1	
2		并网电能表柜		只	1	
3		电能量终端服务器		套		
4		电能质量在线监测装置		套	1	
5		MIS 网三层交换机		台	1	
6		电力调度数据网接入设备柜	含 1 台路由器，2 台交换机	面	1	
7		二次安全防护设备	含纵向加密装置 1 套，硬件防火墙 1 套	套	1	与调度数据网络设备共同组柜
8	用户站	关口电能表	含主、副表各一块	只	2	
9		35kV 线路测控装置		套	1	保护测控合一装置

注：本图适用于光伏电站单独配置 RTU。

图 4.7－7 光伏电站调度自动化系统配置（二）（Z－1－07）

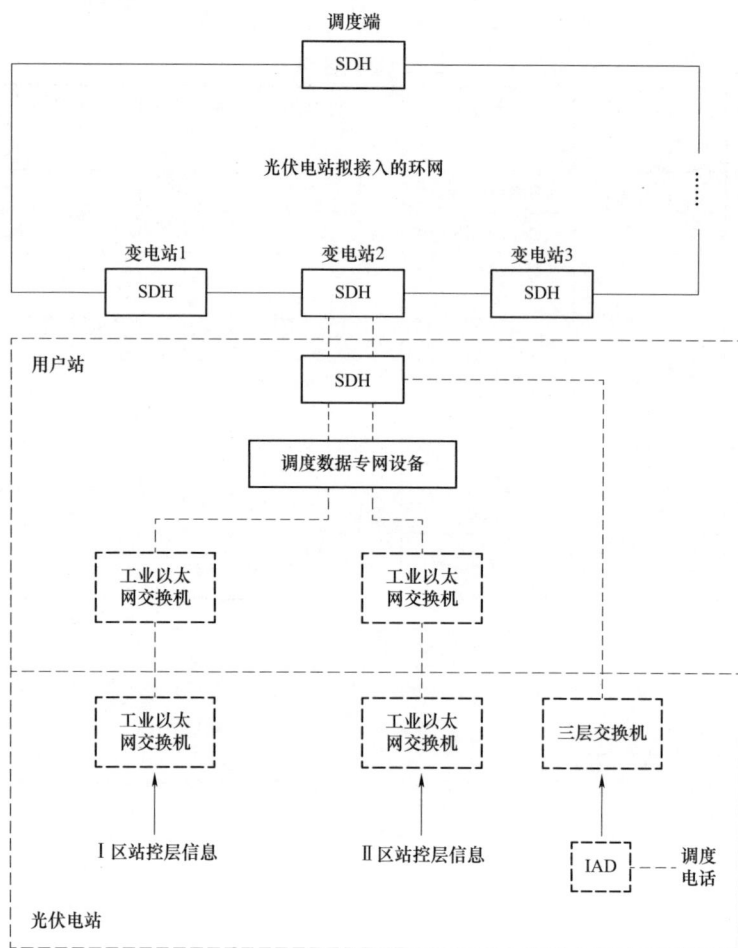

主要设备材料表

序号	厂站	设备名称	规格型号	单位	数量	备注
1	光伏电站	光缆	24 芯	km	按需	
2		导引光缆	24 芯，GYFTZY	km	按需	
3		工业以太网交换机		台	2	
4		三层交换机		台	1	
5		综合配线架柜	光、数、音、网	面	1	
6		IAD 设备		台	2	
7	用户站	导引光缆	24 芯，GYFTZY	km	按需	
8		光端机	SDH 155M	台	1	
9		工业以太网交换机		台	2	
10		通信电源柜	−48V	组	2	
11		综合配线架柜	光、数、音、网	面	1	
12	系统接入变电站	光缆	24 芯	km	按需	
13		导引光缆	24 芯，GYFTZY	km	按需	
14		光纤配线架	24	套	1	
15		光接口板（含模块）	155M	块	2	

注：虚线表示新增设备或连接。

图 4.7-8　光伏电站接入系统通信图（以太网）（Z-1-08）

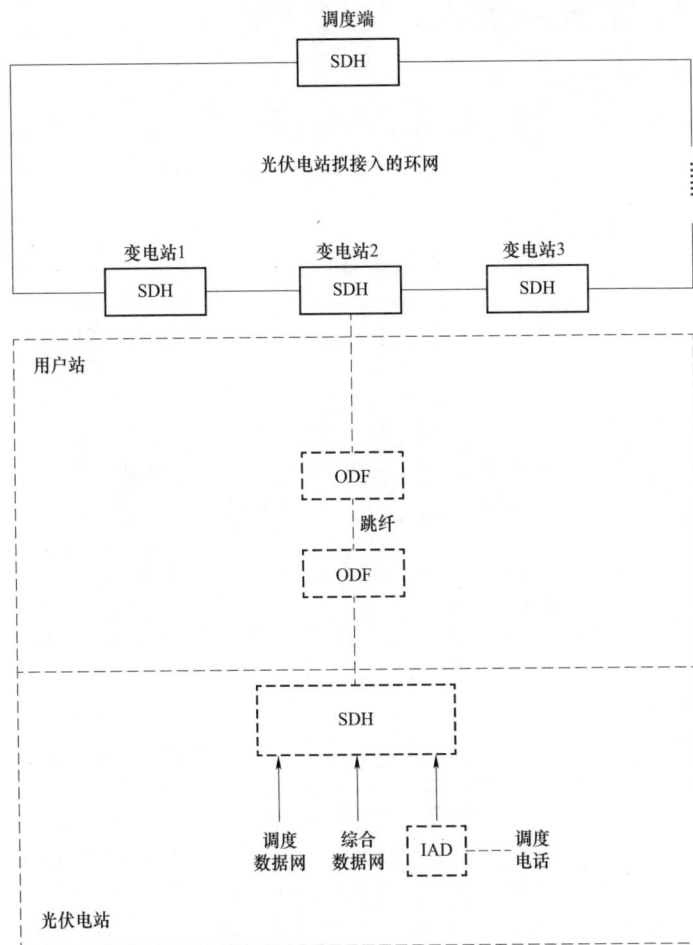

主 要 设 备 材 料 表

序号	厂站	设备名称	规格型号	单位	数量	备注
1	光伏电站	光缆	24 芯	km	按需	
2		导引光缆	24 芯，GYFTZY	km	按需	
3		光端机	SDH 155M	台	1	
4		IAD 设备		台	2	
5		通信电源柜	−48V	组	2	
6		综合配线架柜	光、数、音、网	面	1	
7	用户站	导引光缆	24 芯，GYFTZY	km	按需	
8		光纤配线架	24	套	2	
9	系统接入变电站	光缆	24 芯	km	按需	
10		导引光缆	24 芯，GYFTZY	km	按需	
11		光纤配线架	24	套	1	
12		光接口板（含模块）	155M	块	2	

注：虚线表示新增设备或连接。

图 4.7−9　光伏电站接入系统通信图（SDH）（Z−1−09）

第5章 分布式光伏多元互动接入方案

5.1 概 述

为充分挖掘电网对分布式光伏的承载能力,考虑当前电力系统技术进步,本书在充分考虑直流配电网、源网荷储协调互动、配电网柔性互联等技术可行性基础上,提出了三种分布式光伏多元互动接入方案,以期拓展分布式光伏接入场景,提升光伏接入适应性,满足新型电力系统发展及全局协同的需求。

5.2 分布式光伏接入直流配电网方案

由于光伏、储能设备、电动汽车充电站通常都是以直流方式工作,故在直流配电网中,此类设备并网接口与控制技术相对简单,光伏产生的电能可以直接用于负载和存储,从而减少转换损耗,使得直流配电网更加便于源网荷储的互动化接入。随着新材料以及电力电子技术的不断发展,分布式光伏接入直流配电网的接网场景也愈发具有规模化应用潜力,故本书提出分布式光伏接入直流配电网方案。

5.2.1 适用范围

适用于光伏直流汇集后采用直流并网方式的集中接入、集中计量、全部上网的分布式光伏项目。

5.2.2 方案描述

对于装机容量不超过 400kW 的分布式光伏,分布式光伏采用 1 回线路接入低压柔性直流装置±375V 直流母线。方案一次系统接线示意图如图 5.2-1所示。

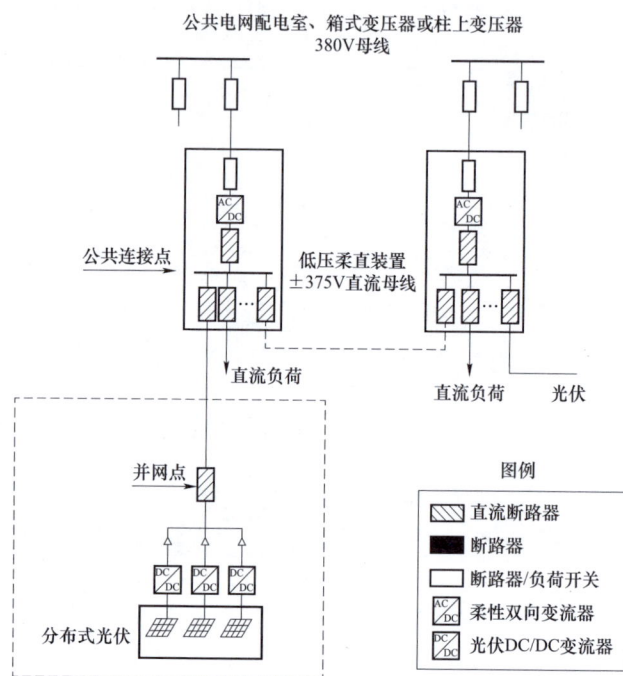

图 5.2-1 方案一次系统接线示意图

5.2.3 相关设备配置要求

(1)并网点处直流断路器应选用无极性、具备明显断点、具备直流灭弧、双向开断故障电流功能的直流专用断路器。

（2）光伏直流并网变换器（DC/DC）应具备防雷、剩余电流保护、直流欠压保护、过电流保护、直流主动灭弧、防孤岛等功能。

5.3 光储虚拟同步机接入方案

储能是参与电力系统调节的重要装机形式，储能与分布式光伏的联合接入，对优化出力特性、提升配电网主动支撑能力具有重要意义。此种接入方案在不发生弃光前提下，将原不可控的光伏系统改造为可接受系统调度的可调节资源，模拟类似于同步发电机惯量和阻尼的友好外特性，实现一次调频和无功调压功能，有效提高系统运行的稳定性。

5.3.1 适用范围

适用于采用交流并网方式的集中接入、集中计量、全部上网的分布式光伏项目。尤其适用于承载力评估等级为黄色、红色的区域。

5.3.2 方案描述

光储虚拟同步机主要包含储能设备、逆变器及控制单元，一体化方式以单回线路接入本书第4章中罗列的并网点，接入电压等级应综合考虑光伏容量、储能配置容量及时长、区域电网承载力等因素。承载力评估等级为黄色区域的储能配置容量不低于项目光伏装机容量15%、2h，承载力评估等级为红色区域的储能配置容量不低于项目光伏装机容量20%、2h。

5.3.3 相关设备配置要求

（1）送出线路导线截面选择需根据光伏、储能所需送出容量之和考虑。

（2）通过380/220V电压等级一体化接入的并网点应安装易操作、具有明显开断指示、可开断故障电流能力，具备失压跳闸、低电压闭锁合闸等功能的断路器。根据短路电流水平选择设备开断能力，并留有一定裕度，应具备电源端与负荷端反接能力。

（3）通过10～35kV电压等级一体化接入的并网点应安装易操作、可闭锁、具有明显开断点、带接地功能、可开断故障电流、具备失压跳闸及低压合闸功

能的断路器。根据短路电流水平选择设备开断能力，并需留有一定裕度，10kV一般宜采用20kA或25kA，35kV一般宜采用31.5kA或25kA。断路器宜具有"三遥"功能并满足相应通信规约要求。

（4）储能设施充放电次数、容量衰减、消防安全等应符合有关技术和管理要求。

（5）光储虚拟同步机应具有满足电网"可观、可测、可调、可控"的相应远动、通信及调度自动化装置。

5.4 柔性互联接入方案

柔性互联装置可用于台区互联、分布式光伏直流接入、储能直流接入、充电桩直流接入及构建直流微电网等场景。随着柔性互联应用场景愈发潜力化发展，本书提出分布式光通过柔性互联装置接入电网方案。

5.4.1 适用范围

适用于光伏直流汇集后通过柔性互联装置接入交流电网的集中接入、集中计量、全部上网的分布式光伏项目。

5.4.2 方案描述

当分布式光伏选择采用直流方案接入台区而配电台区无直流并网点时，可将光伏接入柔性互联装置的直流端口，再将柔性互联装置的交流端口接入交流配电网。

5.4.3 相关设备配置要求

（1）柔性互联装置是具备380V交流与±375V直流双向转换能力的柔性互联单元，配备380V交流端口与±375V直流端口。柔性互联装置应配置测控保护单元、通信单元、计量单元、协调控制单元和备用电源单元，并支持与智能融合终端通过微功率无线、宽带载波、RS−485等方式通信。

（2）柔性互联装置与光伏汇集点之间应加装直流断路器，流断路器应选用无极性、具备明显断点、具备直流灭弧、双向开断故障电流功能的直流专用断路器。

附录 A 光伏电站谐波电压与电流

光伏电站接入电网后，公共连接点的谐波电压应满足 GB/T 14549—1993《电能质量 公共电网谐波》的规定。公共电网谐波电压限值见表 A.1。

表 A.1 公共电网谐波电压限值

电网标称电压（kV）	电压总畸变率（%）	各次谐波电压含有率（%）	
		奇次	偶次
0.38	5.0	4.0	2.0
10	4.0	3.2	1.6

光伏电站接入电网后，公共连接点处的总谐波电流分量（方均根）应满足 GB/T 14549—1993《电能质量 公共电网谐波》的规定，应不超过表 A.2 中规定的允许值，其中光伏电站向电网注入的谐波电流允许值按此光伏电站安装容量与其公共连接点的供电设备容量之比进行分配。

表 A.2 谐波次数及谐波电流允许值

标准电压（kV）	基准短路容量（MVA）	谐波次数及谐波电流允许值（A）											
		2	3	4	5	6	7	8	9	10	11	12	13
0.38	10	78	62	39	62	26	44	19	21	16	28	13	24
10	100	26	20	13	20	8.5	15	6.4	6.8	5.1	9.3	4.3	7.9

标准电压（kV）	基准短路容量（MVA）	谐波次数及谐波电流允许值（A）											
		14	15	16	17	18	19	20	21	22	23	24	25
0.38	10	11	12	9.7	18	8.6	16	7.8	8.9	7.1	14	6.5	12
10	100	3.7	4.1	3.2	6	2.8	5.4	2.6	2.9	2.3	4.5	2.1	4.1

附录 B　光伏电站电压异常时的响应特性

光伏电站在电网电压异常时的响应要求见表 B.1。

各种电力系统故障类型下的考核电压见表 B.2。

表 B.1　　　　　　光伏电站在电网电压异常时的响应要求

并网点电压	最大分闸时间
$U<0.5U$	0.1s
$0.5U_N \leq U < 0.85U_N$	2.0s
$0.85U_N \leq U \leq 1.1U_N$	连续运行
$1.1U_N < U < 1.35U_N$	2.0s
$1.35U_N \leq U$	0.05s

注：1. U_N 为光伏电站并网点的电网标称电压。

　　2. 最大分闸时间是指异常状态发生到逆变器停止向电网送电的时间。

表 B.2　　　　　　光伏电站低电压穿越考核电压

故障类型	考核电压
三相短路故障	并网点线电压
两相短路故障	并网点线电压
单相接地短路故障	并网点相电压

附录 C 光伏电站频率异常时的响应特性

光伏电站在电网频率异常时的响应要求见表 C.1。

续表

表 C.1　　　　　　　　**光伏电站在电网频率异常时的响应要求**

频率范围	运行要求
<48Hz	根据光伏电站逆变器允许运行的最低频率或电网要求而定
48~49.5Hz	每次低于 49.5Hz 时要求至少能运行 10min
49.5~50.2Hz	连续运行
50.2~50.5Hz	每次频率高于 50.2Hz 时，光伏电站应具备能够连续运行 2min 的能力，同时具备 0.2s 内停止向电网线路送电的能力，实际运行时间由电力调度部门决定；此时不允许处于停运状态的光伏电站并网
>50.5Hz	在 0.2s 内停止向电网线路送电，且不允许处于停运状态的光伏电站并网